时装画精品课

服装设计效果图手绘表现完全攻略

QUALITY COURSE ON
FASHION
ILLUSTRATION

慕轩 编著

人民邮电出版社
北 京

图书在版编目（ＣＩＰ）数据

时装画精品课：服装设计效果图手绘表现完全攻略 /
慕轩编著. -- 北京：人民邮电出版社，2019.1
ISBN 978-7-115-50186-8

Ⅰ．①时… Ⅱ．①慕… Ⅲ．①时装－绘画技法 Ⅳ.
①TS941.28

中国版本图书馆CIP数据核字(2018)第272554号

内 容 提 要

本书以彩铅、水彩和马克笔为主要绘制工具，以当下较有代表性的时装秀和时装设计作品为主要绘制素材，对时装画的绘制技法进行了全面的讲解，让读者快速掌握服装设计效果图的绘制方法。

全书对时装画的绘制工具，时装画的人体表现技法，服装饰品的绘制技法，时装画的勾线技法，不同材质和面料的服装效果图表现，高级定制礼服的绘制技法，以及影视人物服饰的绘制技法等都进行了全面的讲解。书中还穿插了很多精美的时装画作品，不仅可以让读者拓宽思路，开阔眼界，还可以作为插画及设计素材的参考。

本书绘制的人物造型唯美、丰富多样，绘制步骤详尽，技法明晰，适合服装设计的初学者、进阶者，以及造型师和手绘爱好者阅读，也可作为服装设计院校及各培训机构的教学用书。

◆ 编　著　慕　轩
　　责任编辑　杨　璐
　　责任印制　陈　犇

◆ 人民邮电出版社出版发行　　北京市丰台区成寿寺路 11 号
　　邮编　100164　　电子邮件　315@ptpress.com.cn
　　网址　http://www.ptpress.com.cn
　　北京盛通印刷股份有限公司印刷

◆ 开本：787×1092　1/16
　　印张：15.75
　　字数：432 千字　　　　　　　　　2019 年 1 月第 1 版
　　印数：1—3 000 册　　　　　　　 2019 年 1 月北京第 1 次印刷

定价：99.00 元

读者服务热线：(010)81055410　印装质量热线：(010)81055316
反盗版热线：(010)81055315
广告经营许可证：京东工商广登字 20170147 号

    我虽然接受正规的美术绘画训练的时间较晚，但是对绘画十分热爱，或许还有一点点的天赋。还记得在小学五年级时自己凭着感觉画了一幅《龙》，参加学校的美术展，并获得了人生中的第一张奖状：优秀奖。这个奖算是自己正式踏入绘画道路的起点。自此，一直到高中，我都承担着班级和学校的黑板报的绘制任务，从此对手绘有了特别的感情。高二时我有机会进入美术集训班，系统地学习美术知识，为后来的手绘打下了坚实的基础。

    通过勤奋的学习和不断的努力，我考上了大连工业大学的服装设计专业。在学校期间，除了认真学习老师在课堂上所教授的知识，我还充分利用闲暇时间练习手绘，那时候梦想着以后做一份与手绘或时装画相关的工作。在学校学习时装画初期，我和现在很多时装手绘初学者一样，非常迷茫，走过很多弯路，只知道画，只能看到服装的表面，从不考虑服装里面的人体以及人体与服装的关系，更别提色彩的属性、色彩与色彩的碰撞效果、笔触语言的表达和工具的使用了。而当我研究并整理出一套系统的时装画手绘方案时，我发现并不需要太长时间，就可以将时装画的手绘练习得越来越好。可以看出，一套系统有效的学习方案很重要，它往往能起到事半功倍的作用，达到意想不到的效果。

    因此，我希望通过此次出书的机会，将自己多年来所总结的绘画经验和学习方法分享给更多的读者。为了能编写出更加适合读者需要的书，我花费了近一年的时间；在编写过程中不断地询问当今读者的需求，了解时装画绘制的现状和未来的发展趋势。在这300多个日日夜夜里，在别人玩游戏、逛街、追剧和睡觉时，我却在为此书的每一个字、每一句话和每一张图的编绘奋战着。手绘不同于板绘，它不能修改，只要错了一步就得重新绘制。为了让读者们能看到一幅幅唯美的时装画、一步步详细的分解图，我花费了大量的时间，但也收获了宝贵的财富：编写此书比别人多了一些认真，多画了一些美美的作品，能力也更上了一个台阶。更体会到，只有踏踏实实地努力付出，才能有好的收获，没有谁的成功是随随便便取得的。我从来不认为自己是个天才，只不过比别人多一些默默的付出罢了。

    本书对时装画的概念、种类以及学习时装画的途径都进行了详细的介绍；对时装画的绘制工具和材料进行了全面的分析和讲解；对时装画的人体绘制技法进行了深入的探讨，从人体比例和结构的知识讲起，然后对五官和四肢进行了分析和绘制演示，接着对影响人体的主要因素做了讲解，让大家对服装画人体的绘制有充分和全面的了解，能够满足各种时装画人体绘制的需要。在服装饰品绘制部分，本书对首饰、包、帽饰和鞋子等进行了分析与绘制演示，相信大家学习后可以画出更多更好的饰品。在讲解综合案例的绘制技法之前，本书对时装画的勾线技法进行了讲解，这是目前市面上很多同类书中所没有涉及的，我认为线条是时装画的基础，它能够让时装画更具有魅力。在综合案例表现部分，本书以彩铅、水彩和马克笔3种工具为基础，分别讲解和演示了不同服装面料及材质的绘制技法，让读者既能够全面掌握工具的特性，又能够掌握服装的表现技法，还能够将前面所学的知识综合运用和回顾。高级定制礼服是当下比较流行的，同时对绘画技法也有更高的要求，通过对这部分知识的学习，设计师不仅可以锻炼时装画的绘制能力，还能提升审美能力。最后的影视人物服饰绘制技法也是本书的一大特色，通过对各个朝代的服饰效果图进行分析和绘制，服装设计师不仅能提升时装画的绘制能力，还能开阔眼界，同时也将更有利于自身的发展。

    仅以此献给读者们！

    感谢人民邮电出版社的编辑给我编写此书的机会，让这本书能与大家见面。感谢人民邮电出版社各位老师的帮助。感谢这本书的读者们，希望这本书可以给你们真正带来更多实质性、正能量的帮助。谢谢你们！

慕轩

2018年2月9日于北京

目录

01

时装画与绘制工具/007

1.1 时装画/008

1.1.1 时装画的概念/008

1.1.2 时装画的种类/010

1.2 学习时装画的途径/017

1.2.1 寻找优秀的作品学习/017

1.2.2 临摹优秀的作品/019

1.3 时装画绘制工具/021

1.3.1 彩铅类工具/021

1.3.2 水彩类工具/023

1.3.3 马克笔类工具/025

1.3.4 其他工具/026

02

时装画的人体表现技法/027

2.1 人体的比例与结构/028

2.1.1 人体结构分析/028

2.1.2 人体动态分析/030

2.1.3 人体上色分析/031

2.2 五官与绘制/032

2.2.1 头部的分析与绘制/032

2.2.2 眼睛的分析与绘制/035

2.2.3 鼻子的分析与绘制/039

2.2.4 嘴唇的分析与绘制/041

2.2.5 耳朵的分析与绘制/043

2.2.6 头发的分析与绘制/045

2.3 四肢与绘制/046

2.3.1 腿部的分析与绘制/046

2.3.2 脚部的分析与绘制/047

2.3.3 手部的分析与绘制/048

2.4 影响人体动作的主要因素/050

2.4.1 颈椎//050

2.4.2 肩关节/050

2.4.3 肘关节/051

2.4.4 手腕/051

2.4.5 胯关节/052

2.4.6 膝关节/052

03

服装饰品的绘制技法/053

3.1 首饰的绘制技法/054

3.1.1 影视首饰分析/054

3.1.2 时尚首饰分析/056

3.2 包的绘制技法/057

3.3 帽饰的绘制技法/059

3.4 鞋子的绘制技法/061

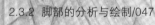

04

时装画的勾线技法/063

4.1 人体与服装的关系/064

4.1.1 露腿服装的绘制要点/065

4.1.2 服装遮住人体的绘制要点/067

4.1.3 大体量服装的绘制要点/068

4.2 彩铅勾线技法解析/069

4.3 水彩勾线技法解析/071

4.4 马克笔勾线技法解析/075

4.5 服饰勾线作品欣赏/078

05

时装画绘制技法的综合表现/081

5.1 时装画彩铅绘制技法的表现/082

5.1.1 头部彩铅绘制技法/082

5.1.2 纱材质彩铅绘制技法/090

5.1.3 花卉图案彩铅绘制技法/092

5.1.4 牛仔服材质彩铅绘制技法/097

5.1.5 皮革材质彩铅绘制技法/104

5.1.6 编织材质彩铅绘制技法/108

5.1.7 针织材质彩铅绘制技法/114

5.1.8 镂空材质彩铅绘制技法/118

5.1.9 皮草材质彩铅绘制技法/121

5.2 时装画水彩绘制技法的表现/127

5.2.1 头部水彩绘制技法/127

5.2.2 纱材质水彩绘制技法/133

5.2.3 花卉图案水彩绘制技法/136

5.2.4 蕾丝材质水彩绘制技法/141

5.2.5 格子面料水彩绘制技法/144

5.2.6 牛仔服材质水彩绘制技法/148

5.2.7 皮革材质水彩绘制技法/151

5.2.8 皮草材质水彩绘制技法/157

5.2.9 流苏材质水彩绘制技法/159

5.3 时装画马克笔绘制技法的表现/163

5.3.1 牛仔服材质马克笔绘制技法/163

5.3.2 皮草材质马克笔绘制技法/171

5.3.3 纱材质马克笔绘制技法/176

5.3.4 蕾丝材质马克笔绘制技法/179

5.3.5 图案拼接效果马克笔绘制技法/183

5.3.6 流苏材质马克笔绘制技法/187

5.3.7 太空棉材质马克笔绘制技法/191

5.3.8 多种材质混合的马克笔绘制技法/196

06

高级定制礼服绘制技法/199

6.1 纱材质高级定制礼服绘制技法/200

6.2 丝绒材质高级定制礼服绘制技法/204

6.3 亮片材质高级定制礼服绘制技法/207

6.4 钉珠材质高级定制礼服绘制技法/211

6.5 婚纱高级定制礼服绘制技法/215

6.6 创意高级定制礼服绘制技法/219

07

影视人物服饰绘制技法/223

7.1 人体与着装线稿技法分析/224

7.2 春秋战国服饰效果图技法分析/226

7.3 秦朝服饰效果图技法分析/230

7.4 汉朝服饰效果图技法分析/234

7.5 唐朝服饰效果图技法分析/238

7.6 清朝服饰效果图技法分析/242

7.7 民族服饰效果图技法分析/246

7.8 中式新娘服饰效果图技法分析/250

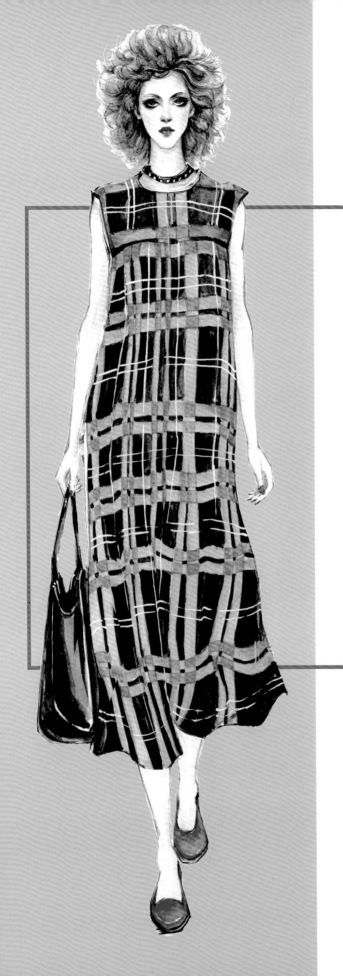

01

时装画与
绘制工具

画好时装画，必须先对时装画有一个认知。在当下时装画多元化、多重性的特点下，把握时装画的风格、掌握绘制时装画的各种工具很重要，它可以让我们更准确、更快速地掌握时装画绘制技法，绘出唯美生动的时装插画作品。

1.1 时装画

1.1.1 时装画的概念

简单地说，时装画以时装为表现主体，展示人体着装后的效果和气氛，是具有一定艺术性和工艺技术性的一种特殊形式的画种，它是服装设计的外化表现形式。作为服装设计专业的基础之一，时装画不仅是设计师对自身设计意念的表达，也是设计师跟工艺师之间的桥梁。随着表现形式的增多、文化观念的不断更新，时装画已被广泛应用于广告、传媒等各个领域，并向更为宽泛的领域发展。

时装画如今已慢慢演变成为一种插画艺术，设计师用时装画展现设计灵感，插画师用时装画来表达艺术审美。随着绘画工具的多样化，时装画的表现形式越来越丰富多样，本书结合了多种类型的材料和工具，如彩铅、水彩、马克笔和水粉等的使用，呈现出不同的效果。

MU XUAN
Beautiful fashion design hand-painted,, illustrations
2017.04.24. Beijing

MU XUAN
Beautiful fashion design hand-painted,, illustrations
2017.04.24. Beijing

MU XUAN
Beautiful fashion design hand-painted,, illustrations
2017.09.15. Beijing

MU XUAN
Beautiful fashion design hand-painted,, illustrations
2017.09.15. Beijing

1.1.2 时装画的种类

◎ 彩铅时装画

以彩铅为工具，主要通过平涂法来表现时装画的效果。彩铅的笔芯是硬质的，彩铅时装画是一种结合了素描与色彩的绘画形式，它的独特性在于色彩丰富细腻，既可以表现出浓厚的色彩感觉，也可以表现出色彩通透、轻盈的感觉。

彩铅分类

水溶性彩铅：颜色鲜艳，铅末松软，适合绘制深色材质及铺大色、加强颜色。

油性彩铅：笔芯相对来说更硬，适合勾线及深层次细节刻画使用。

对于初学者来说，用彩铅绘制时装画的方法易于掌握，入门快，对学习绘制水彩、马克笔等类别的时装画是一个基础的积累与过渡。

MU XUAN

Beautiful fashion design hand-painted,
watercolor techniques, illustrations
2017.06.28, Beijing

◎ 水彩时装画

　　水彩时装画是用水与透明颜料调和后进行绘制的一种方法，因其颜色薄，所以画面通透，加上水的流动，颜色会过渡、晕染、相互叠加，从而呈现出水彩时装画特有的效果。控制水分与颜色的比例，以及掌握适合的绘制技法，对于学习者来说是难点，需要多花时间研究和琢磨。

　　水彩时装画技法

　　淡彩法：以勾线为主要表现形式，色彩和层次对比轻快，在主要部位铺上颜色，笔法比较快，偏马克笔的笔触感觉；勾线工具用防水墨水，参考工笔白描技法勾线，抑扬顿挫，此方法易于掌握且较为快捷。

　　重彩法：可勾线或不勾线，但色彩比较浓郁，层次过渡丰富。要求绘画者对色彩感及塑造有一定的基础。此画种更真实，细节更丰富，与淡彩法形成鲜明的对比。

MU XUAN

Beautiful fashion design hand-painted,
watercolor techniques, illustrations
2017.07,01 Beijing

◎ 马克笔时装画

　　马克笔时装画是一种较为方便、快捷的绘画方法，马克笔笔触干脆，色彩明快，相对于彩铅和水彩，在表现服饰时更加方便。

　　马克笔主要分为油性马克笔和水性马克笔两种。油性马克笔色彩浓郁，层次分明；水性马克笔效果类似于淡彩，叠加有笔痕。用马克笔绘制时装画时常用油性马克笔。根据不同的效果，注意马克笔绘制的速度与力度。

　　马克笔的笔头有宽头和窄头之分。宽头呈扁平鸭嘴状，熟练运用后可利用笔头的侧、平、转、立等多个角度来表现不同的线条，较为生动；窄头是软的，常用拉、提、转、扫、压、点等不同技法来表现不同的效果，增添画面的生动性和丰富性。

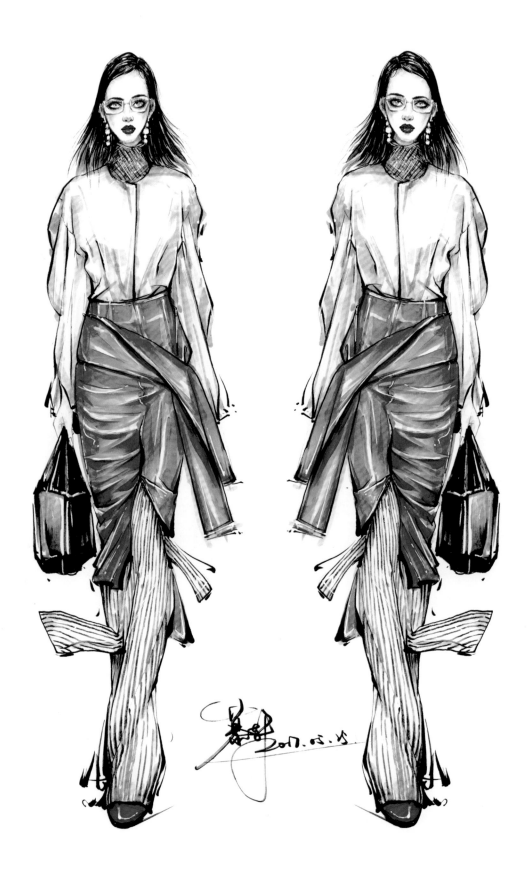

1.2 学习时装画的途径

1.2.1 寻找优秀的作品学习

如今，信息技术越来越发达，我们可以通过各种途径找到优秀的服装设计作品图片来进行写生训练，这样不仅可以学习绘画技巧，还可以接触到更多的服装流行元素。

通过杂志阅览各种时尚大片，通过网站搜索各大秀场的图片，如VOGUE、花瓣网、INS、ELLE、微博和穿针引线网等，通过自己的理解，将收集到的优秀服装设计作品图片重新整理归纳，转化成时装画作品。

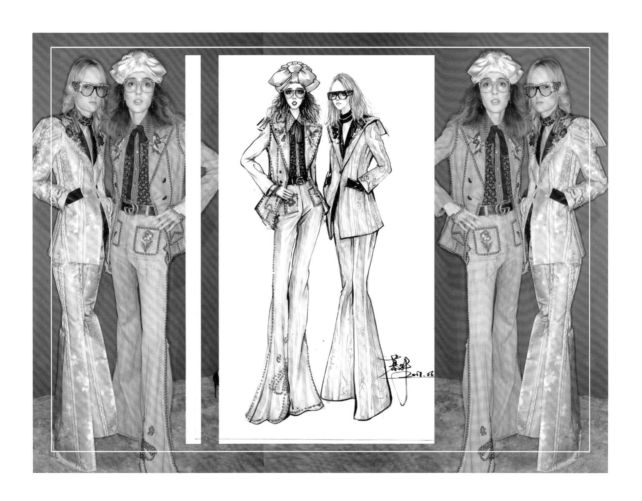

1.2.2 临摹优秀的作品

　　我在学习时装画的过程中，为了提高自己的绘画能力，一直都会找适合自己风格的大师作品进行临摹、学习，吸收营养，以达到与原画相像为目标，从"形似"逐渐积累达到"神似"。

　　记住，我们学习的目的是什么。做任何一件事情，只有花费时间、精力，并经过思考，才能获得成功，绘画也是一样。当然，临摹也不是对大师的作品全盘接受，而是要取其所长，吸收最精华的部分，并运用到自己的时装画练习中。另外，平时还要多看一些优秀作品，锻炼自己的眼力，提升自己洞察事物的能力。下面就为大家列举一些大师的作品，希望大家能够认真地体会。

　　David Downton 1959年出生于英国伦敦，原本接受平面设计训练，从学校毕业之后却以出色的插画风格成功闯出名号。他的商业合作伙伴包括Tiffany、Tatler、Elle和Christian Dior等著名时尚品牌。Downton善于掌握人体形态，线条简洁，不做作。

　　David Downton的时装画把色彩单纯的魅力发挥到了极致，从而很好地展现了高级定制惊艳的一面。

葡萄牙插画师Antonio Soares采用水彩和铅笔，将时装活灵活现地呈现于纸上。硬朗的画风、随意的笔触，看似没有画完但又能够淋漓尽致地展现时装模特们苗条的身姿，并且无论是色彩还是画面的控制，都显得既随性又完美！

除了上面两位大师，还有很多大师的优秀插画作品，不管是线条、颜色，还是构图、意境，都有值得学习和借鉴的地方。

Rene-Gruau (1909-2004) 法国/意大利　　　　Coby Whitmore(1913-1988) 美国

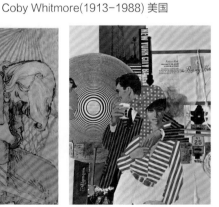

Tom Keogh(1922-1980) 美国　　　　Bob Peak(1927-2009) 美国

1.3 时装画绘制工具

绘制一幅服装效果图，首先要了解的是手绘工具的分类、特性，以及不同工具的不同作用。不同的时装画效果表现，使用的工具和技法也都不一样。时装画手绘工具大致可以分为以下几种。

1.3.1 彩铅类工具

◎ 彩铅

彩色铅笔是手绘学习者最容易接受的一种绘制工具，笔芯偏硬，易掌控。彩铅分为两种：水溶性彩铅和油性彩铅。建议初学者买辉柏嘉水溶性红盒60色，其他比较好用的牌子有三菱油性彩铅、三福霹雳马彩铅、施德楼水溶性彩铅和英国得韵彩铅等。

◎ 自动铅笔

画好一幅时装画，线稿很重要，那么起型的笔就非常重要，手感、粗细都是需要考虑的，好用的自动铅笔有施德楼0.3mm型号的、日本无印良品0.3mm型号的等。

0.3自动铅笔

◎ 笔芯

施德楼的0.3mm铅芯比较好用，颜色轻，非常适合画线稿。

0.3铅笔芯

辉柏嘉水溶性彩铅

◎ 橡皮

橡皮是一个很重要的工具，主要用于擦掉多余或者错误的部分。大家平时用的方块型橡皮擦完后会有大量的"橡皮面"，这里推荐大家使用无印良品的红杆笔形状橡皮。

◎ 可塑橡皮

可塑橡皮比较软，可以随意捏造型。在擦拭的过程中，可以根据要擦地方的面积大小塑造形状，还有一个作用是可以大面积擦虚线条。推荐使用辉柏嘉灰色可塑橡皮。

◎ 纸张

在用彩铅绘制时，由于彩铅的铅末儿颗粒大，而且很多细节需要深入刻画，如果纸太薄，容易划破纸，因此推荐大家使用荷兰白卡200g（克重200g/m²）以上的纸，这种纸不仅表面光滑，而且画在纸上的笔触会比画在别的纸上更细腻。

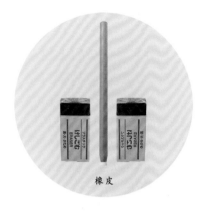

橡皮

可塑橡皮

荷兰白卡

◎ 卷笔刀

在彩铅的使用过程中，经常需要削铅笔，因此卷笔刀的质量还有刀口快不快很重要。比较好用的是施德楼的卷笔刀，同时也很干净、方便。

◎ 画板

长时间的弯腰低头绘画，会让颈椎和腰椎产生酸痛感，而画板可以多角度地调节使用，使人以最舒服的姿势享受绘画过程。一般准备一个速写板就行。

施德楼卷笔刀

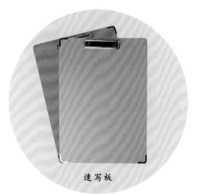

速写板

1.3.2 水彩类工具

◎ 水彩颜料

　　水彩颜料的色彩明度高，容易表现重叠的效果，让画面看起来通透、润泽。在时装画表现过程中，水彩颜料和水稀释调和成想要的颜色。好用的水彩颜料有樱花固体水彩颜料、史明克固体水彩颜料、荷尔拜因固体水彩颜料和日下部透明水彩颜料等。

◎ 水彩笔

　　水彩画笔笔杆的设计要精美、舒服，最重要的是笔刷的材质、弹性、蓄水性，以及笔刷的形状。推荐大家使用达芬奇水彩笔、俄罗斯白夜水彩笔、秋红斋蒲公英水彩笔和如竹水彩笔等。

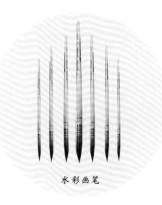

水彩画笔

水彩颜料

◎ 水粉颜料

　　在时装画中，水粉颜料只是起辅助作用，比如某些局部或者细节需要加强对比和层次感，才会用上一点水粉颜料，因为水粉颜料具有覆盖力，配合水彩使用，能让画面更加完善。我平时常用的一款是温莎牛顿的管状水粉颜料，使用方便，覆盖力强。

◎ 调色盘

　　调颜色需要一个大一点的调色盘，在调色的过程中，不要串色，一个颜色一个区域。个人觉得比较好用的是仿陶瓷波浪纹调色盘，比较轻便，同时能装很多种颜色。

调色盘

水粉颜料

◎ 高光笔

高光笔能起到画龙点睛的作用，在手绘效果图中，适当地画一些局部的、范围比较小的高光，能让画面更逼真、鲜活。高光笔常用于一些边缘的地方。比较好用的是樱花高光笔，比较纤细。

◎ 高光墨水

高光墨水和高光笔的使用方法一样，不过在画大面积的白色，或者需要画大小不同的高光形状时，高光墨水是比较方便和好用的。推荐大家使用吴竹品牌的高光墨水。

◎ 颜料盒

颜料盒主要用于装水粉颜料。当然，如果水彩颜料也是这种管状的，也可以用颜料盒装，这样用起来会比较方便，重点是还能起到很好的保湿效果。推荐大家使用美截乐保湿盒。

樱花高光笔

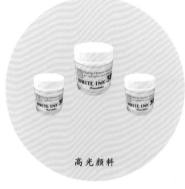

高光颜料

颜料保湿盒

◎ 水彩纸

不同刻度和密度的水彩纸，吸水性和耐水性也不同，水彩纸有粗纹、中粗纹和细纹3种纹理。根据蓄水性和需求不同，水彩纸又分为棉浆纸和木浆纸两种，需要大面积铺水或者采用湿画法时，棉浆纸比较适合，相反则用木浆纸。我常用的棉浆纸是宝宏350g细纹的，木浆纸是康颂巴比松的。

◎ 闪粉和亮片

闪粉和亮片使用的人很少，而且大多数人不知道应该怎么使用效果更好。市面上有两种：一种是单独的闪粉和亮片，需要另外购买胶水；另一种是闪粉和亮片与胶水混合在一起，用起来会比较方便。在时装画中，一些首饰、串珠，以及亮片材质的衣服加上这个，效果特别好。推荐大家使用WRITER牌子的闪粉和亮片，速干，闪亮效果好。

◎ 勾线墨水

在水彩画的绘制中，往往需要勾勒边缘。如果直接用水彩颜料勾边缘线，就会被后面上色的水分晕染，显得很不干净，因此在勾线的时候一般会选择防水的墨水，勾完后再上色，这样线稿轮廓和衣服的层次都很清楚。推荐大家使用巨匠漫画防水墨水，黑色。

水彩本

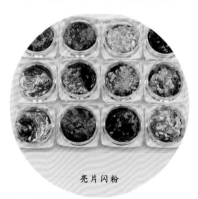

亮片闪粉

防水勾线墨水

◎ 水桶

　　画水彩需要一个方便的小水桶，用于洗笔，辉柏嘉的折叠橡胶水桶就是不错的选择。

◎ 笔袋

　　水彩笔或者毛笔的笔头是用毛制作的，若不好好保护，很容易损坏笔尖，因此需要一个装笔的笔帘或者笔袋。

◎ 作品夹

　　绘制的作品需要好好保管，不然很容易损坏，因此需要一个作品夹。推荐大家使用分页夹，方便单独拿出一页，作品不易损坏。

水桶

水彩笔帘

作品保护夹

1.3.3 马克笔类工具

◎ 马克笔

　　马克笔作为一种绘画工具，越来越受欢迎，因其绘画速度快、节省时间、效果好而被广泛使用。目前市面上较多的是酒精性马克笔，如果不使用，应及时盖上盖子，防止挥发。性价比比较高的是法卡勒三代软头马克笔，除此之外，Touch、Coplic两个牌子的马克笔的颜色也很正，价格会稍高。

◎ 勾线笔

　　在使用马克笔表现时装画时，如果画面需要加强层次，特别是衣服与衣服之间，就需要用到勾线笔，可以说一幅时装画是否成功，勾线的好坏占到一半的重要性。推荐大家用Coplic棕褐色0.05号针管笔勾皮肤，用吴竹极细毛笔勾衣服。

马克笔

马克勾线笔

◎ 马克纸

马克纸不同于一般的纸张，它的表面附有一层蜡，这是为了减少马克笔与纸之间的摩擦，易于马克笔画出利落的笔触感，同时可以减少马克笔的消耗。

马克纸

◎ 纤维笔

纤维笔的笔尖比较细，适合画细节部分，同时用它画出来的肌理跟马克笔很搭，很好地弥补了画面细节处理的问题。平时常用的是慕娜美的36色纤维笔。

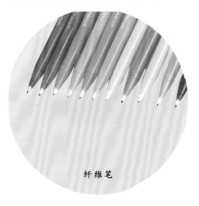
纤维笔

◎ 针管笔

在马克笔时装画中勾线的时候也会用到一些针管笔，它们非常细，有灰色系和彩色两种，可以用于处理细节。推荐大家使用UCHIDA牌子的针管笔。

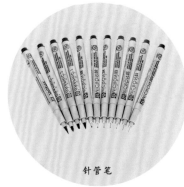
针管笔

1.3.4 其他工具

◎ 拷贝台

拷贝台能快速拓印图案，节省时间，建议需要高效率工作的时候使用，平时练习时装画的时候尽量不要用。推荐大家使用led copy board的拷贝台。

◎ 扫描仪

画好的时装画，如果想保留高清的图片，可以购买一台扫描仪。我使用的是爱普生V30 SE型号的扫描仪，比较好用。

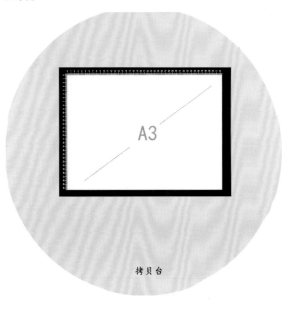
拷贝台

扫描仪

FASHION SKETCH

02

时装画的
人体表现技法

画好时装画人体的关键是多看、多想和多
练，要理论与实践相结合，这样才会掌握到
更扎实的知识。

2.1 人体的比例与结构

时装画中的人体是美化后的理想人体。女性人体最显著的特征就是肩部与臀部等宽，而腰部明显内收，呈现出沙漏的形状，从侧面观察，女性人体呈优美的S形曲线，前凸后翘。在绘制人体时，可以有意识地缩短躯干的比例，拉长四肢，使整体更加纤细、唯美。

2.1.1 人体结构分析

为了更准确地画出人体，便于掌握和熟知人体的结构关系，会将人体分为几大部位，即头部、上躯、臀部、腿、手臂、手和脚，这样会更容易理解清楚每一块的功能和形状。

①人体头部是一个椭圆形。

②脖子可以当成一个圆柱体。

③上躯是一个倒梯形。

④臀部是一个正梯形。

⑤手臂和腿部类似于圆柱体。

一般在不算脚的情况下，人体的比例是9~9.5个头长。

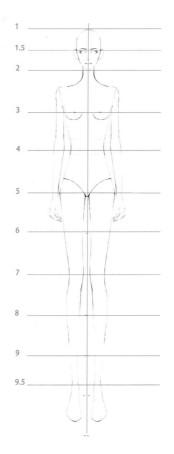

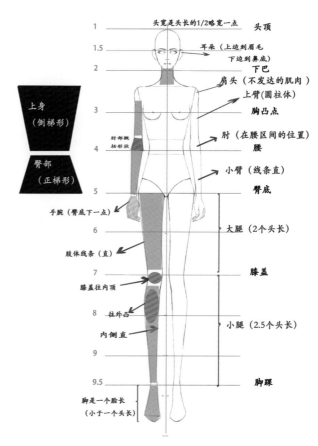

标准人体绘制过程解析

①画出人体9.5个头长的刻度位置，一个头长约为25cm（A4纸）。

②确定头宽及眼睛的位置，然后画出脸的形状（芭比娃娃脸，上圆下方）。

③定出肩的位置和宽度，并确定上身的大小（倒梯形）。

④定出臀部上面的位置，其宽度与上身下方的宽度相等。然后定出臀底的位置，其宽度和肩同宽（正梯形）。

⑤连接腰部，线条连接处有缓冲度，不可出现拐角。

⑥画脖子，从下巴两边向下画直线，快接近于肩部时画弧线与肩部连接。

⑦画大腿，从臀部中间向下找一点，然后经过该点画出大腿内侧的抛物弧线。接着画出大腿到膝盖的线条，膝盖向两腿中间突出，整个大腿为两个头长。

⑧画小腿，小腿的肌肉向外侧鼓起，注意边缘形体的顺畅，内侧用直线向下画，到脚踝处要细一点，整个小腿为2.5个头长。

⑨脚的大小是一个头长左右，注意脚尖的走向，是靠近大脚趾的一方。

⑩肩部出来的地方有肌肉，肌肉是鼓起来的，同时不能太发达（女生），肩部到手肘之间是圆柱体，手肘是八字形，小臂是以直线向手腕收的形体。手臂过臀底的位置是手腕，手掌大约是2/3个头长。

⑪画五官，根据眼睛和下巴定出鼻子的位置（1/2处），嘴巴在鼻子到下巴的中间偏上一点，然后再定出鼻子的宽度，嘴巴比鼻子宽一点。接着细致地画出五官的形状，并画出耳朵的形状。最后根据五官调整脸型和整个人体，直到无误为止。

◎ 人体绘制技巧

01 确定重心线，然后分出9个头长的位置，接着画出头部形状。

02 根据头部，定出上躯和臀部的宽度与位置，然后画出它们的形体结构，注意上躯为倒梯形，臀部为正梯形。

03 连接躯干形体，注意动作扭动的幅度。

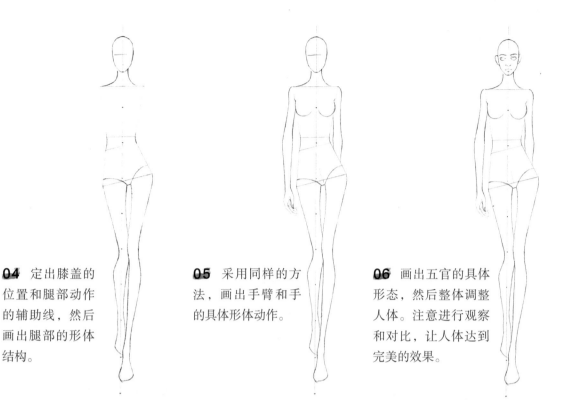

04 定出膝盖的
位置和腿部动作
的辅助线，然后
画出腿部的形体
结构。

05 采用同样的方
法，画出手臂和手
的具体形体动作。

06 画出五官的具体
形态，然后整体调整
人体。注意进行观察
和对比，让人体达到
完美的效果。

2.1.2 人体动态分析

不同的姿势，不同的气质，会有不同的人体表现，哪怕只是微微一点局部的动作，如手的摆动、手臂
的方向变化、腿的走向变化、头部的朝向变化和身躯的扭动，都会形成一个新的人体动态。

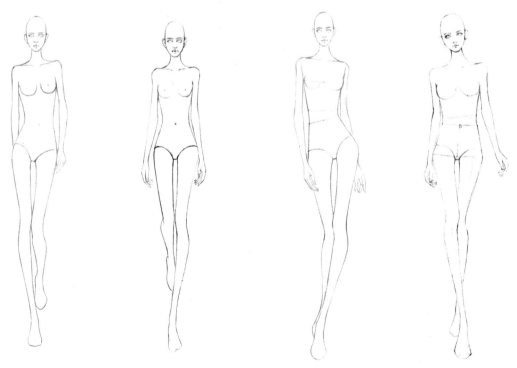

2.1.3 人体上色分析

　　不仅要掌握人体的外部形态结构，还要掌握人体体积感和空间感的表现方法，明确人体不同部位的块面和凹凸起伏变化，这样才能有助于增强服装效果图的表现。下面我们通过人体上色分析，进一步了解人体的结构和形体转折变化。

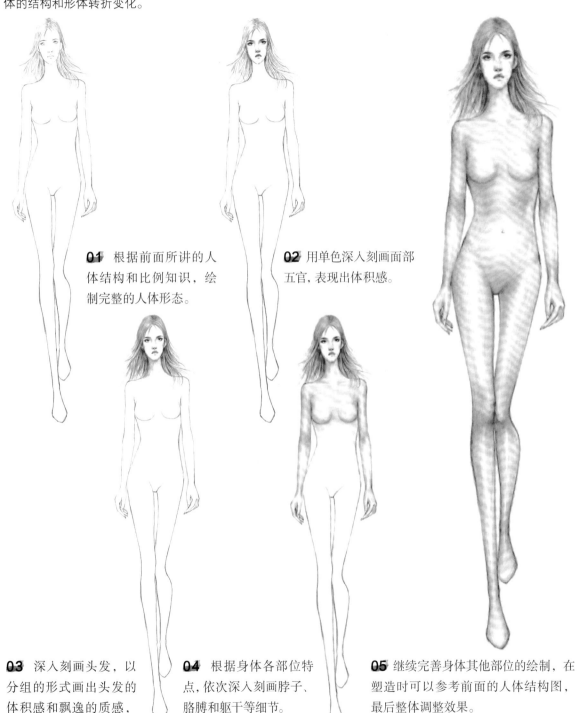

01 根据前面所讲的人体结构和比例知识，绘制完整的人体形态。

02 用单色深入刻画面部五官，表现出体积感。

03 深入刻画头发，以分组的形式画出头发的体积感和飘逸的质感，注意深浅层次的变化。

04 根据身体各部位特点，依次深入刻画脖子、胳膊和躯干等细节。

05 继续完善身体其他部位的绘制，在塑造时可以参考前面的人体结构图，最后整体调整效果。

2.2 五官与绘制

2.2.1 头部的分析与绘制

◎ 头部的结构分析

　　头部在时装画中非常重要，如果对头部的透视及五官比例把握不当，就会影响整体的效果，因此在时装画学习过程中，需要先要学好头部。不过，对于初学者来讲，刚开始只需要掌握头部的几个透视角度就可以了。在学习的过程中要学会总结，并掌握其中的规律，这样才能更好地掌握时装画绘制技法。

头骨图

头骨有助于初学者直观地了解头部构造。

头部块面图

当光照在块面感的头部上时，会出现颜色深浅不同的转折面，这有助于进一步认识头部和塑造形体。

面部肌肉走势图可以帮助了解面部肌肉的结构，并且有助于在用线条表现时进行排线。

头部肌肉图

　　通过对头部骨骼结构、块面结构和肌肉结构的观察与分析，大家对头部应该有了初步的了解，下面通过"模型脸"进一步了解在绘制人脸的过程中需注意的一些知识点。

　　①黑线代表头部在不同角度时可以分为几块转折，以此直观感受头部的形体转折变化。

　　②红虚线代表在绘制头部时需要注意的参考线，以此更好地画准人物头部比例。

　　③在画人物头部时，可以借鉴芭比娃娃的脸型和五官比例特点，再配上头发，画出很美的头部形态。

　　④面部外形以眼睛为界，头型是上圆下方（上面类似半圆形，下面类似不规则三角形）。

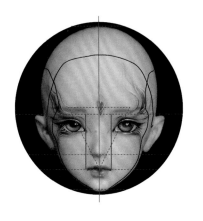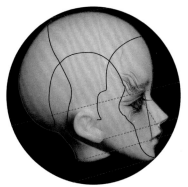

在时装画头部学习中，不管是什么角度，都按照这个方法去找对比、找型，相信你一定可以绘制出唯美、时尚的头部造型。

◎ 头部的绘制技法

01 定出一个头的长度。

02 根据头长画出头宽，头宽比头长的1/2宽一点。

03 有了头长和头宽，下一步定出眼睛的位置，即在头长的一半处。尽量保证五官在头长的一半下面，这样会显得五官精致、脸小。

04 画出脸型，建议在绘制脸颊的时候切割两下，第一下平一点，第二下尖一点。

05 定出鼻子的位置，在眼睛到下巴的1/2处；嘴巴在鼻子到下巴的1/2处偏上一点。

06 定出五官的宽度。先定出鼻子的宽度；眼睛的内眼角跟鼻翼在同一垂直线上，眼睛的宽度比鼻子稍微宽一点，这样会显得眼睛更大更有神韵一些；嘴巴的嘴角比鼻翼稍微宽一点。

07 接下来就是详细画出五官的形状，先画出鼻子的具体形状。

08 详细画出眼睛、嘴巴的具体形状，眼睛绘制得要有神韵。

09 画出耳朵，然后再整体调整形不准确的地方，直到画好为止。

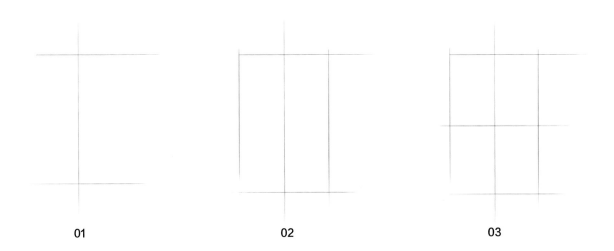

01   02   03

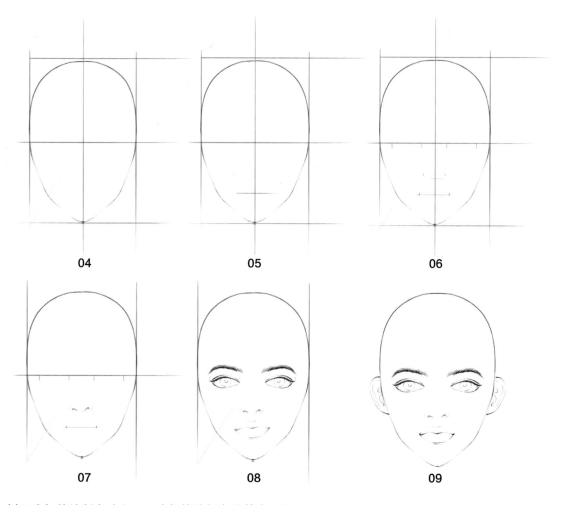

04

05

06

07

08

09

　　侧面头部的绘制方法和正面头部的绘制方法基本一样，只是在刚开始的时候需要定一条五官倾斜度的辅助线，这样更有利于画准头部的特征。

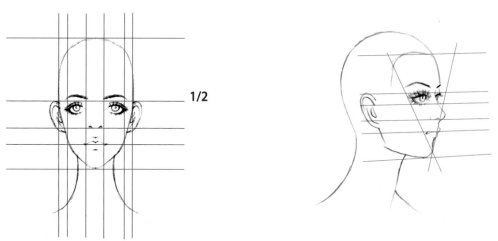

1/2

TIPS
　　在头部找型阶段大家要记住一点，反复对比，力求美观、精准，这也是会在整个时装画学习过程中一直强调的一点。

2.2.2 眼睛的分析与绘制

俗话说，眼睛是心灵的窗户。在时装画手绘中，眼睛的好坏决定着脸部是否好看，只要掌握好眼睛的形状和眼神的气韵，就能很好地表现出人物的气质。

接下来通过对时装画中不同角度的女性眼睛讲解，使大家更直观地学习眼睛的绘画技法。

◎ 眼睛的结构分析

首先，对眼睛进行一个详细的认识，这需要明确上眼睑、下眼睑、内眼角、外眼角和眼球等的形态、位置及相互关系。眼部结构在整个面部是凹陷进去的，从骷髅头上就能看出来，眼睛呈横向，类似椭圆形，眼睛周围的肌肉环绕着眼睛，通过肌肉变化，形成眼睛不同的神情变化。

绘制重点：把握好眼睛的大小、神情变化，处理好透视关系，能通过眼睛体现人物的气质特征。

在绘制眼睛轮廓时，要画清楚眼睛的各层次形状，注意线条的轻重变化，把握好眼睛立体转折的各个面，并分清楚主次关系。

上眼皮最高点
上眼睑
眼白
瞳孔
下眼睑
下眼皮最低点

◎ 眼睛的绘制技法

正面眼睛的绘制

01 定出眼睛的宽度，然后绘制眼型，类似一个平行四边形。

02 画出双眼皮的形状，欧洲人的眼睛是后半截平行于上眼皮，前面宽，亚洲人相反。然后画出眉毛的形状，可以不画出毛发的质感。

03 用可塑橡皮擦虚铅笔线稿，然后用偏硬一点的红棕色彩铅有轻重变化地进行勾线。

04 用最浅的肉色水溶性彩铅从暗部开始往亮部铺一层底色，注意不要有笔触。

05 根据设定颜色的深浅，有层次地加深眼部的颜色，就像女生化妆一样去处理。

06 加深眼线，眼尾宽、重，内眼角轻、细。然后刻画眼球和瞳孔，注意当成球体来画。

07 调整黑色眼线与眼皮的对比度，切不可过渡太过强烈。然后从眼尾往内眼角画睫毛，根部粗，梢部细，两根一组有层次地排列着画，这样会更有质感。

08 画出眉毛的颜色，眉头轻一点，中间重，慢慢往后过渡，直到画好为止。

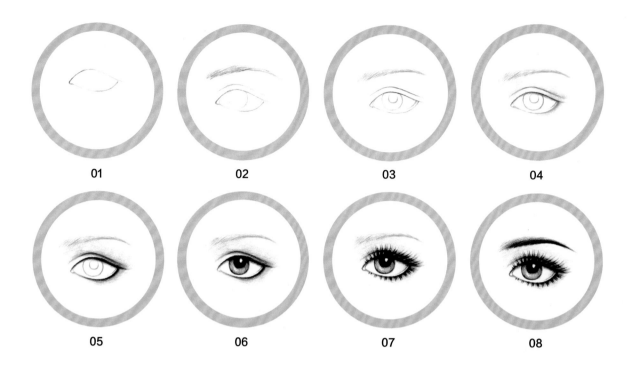

01   02   03   04

05   06   07   08

半侧面眼睛的绘制

01 定出眼睛的宽度，并根据其透视关系画出后面圆、前面扁的形状，然后画出眉形。

02 用可塑橡皮擦虚铅笔线稿，然后用偏硬一点的红棕色彩铅有轻重变化地勾线。

03 用最浅的肉色水溶性彩铅从暗部开始往亮部铺一层底色，注意不要有笔触。

04 加深眼线，眼尾宽、重，内眼角轻、细。

05 有规律地画出睫毛，眼尾长，往内眼角慢慢变短，睫毛两根一组，排列画出。

06 画眼球。先画出黑色眼珠，画的时候可以留出白色高光点，然后再用蓝色画出瞳孔的颜色，瞳孔边缘加重，增强其体积感。

07 画出眉毛的颜色，眉头轻一点，中间重，慢慢往后过渡。然后调整整体眼睛的层次及对比度，直到画好为止。

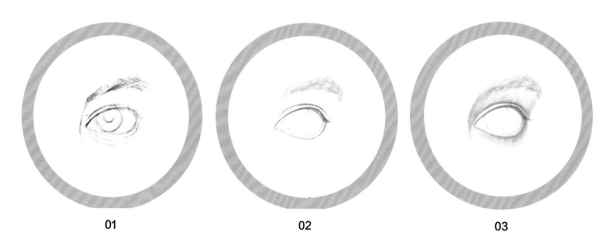

01   02   03

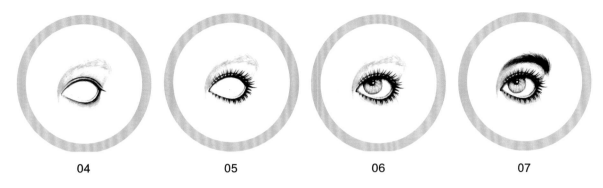

| 04 | 05 | 06 | 07 |

正侧面眼睛的绘制

01 根据正侧面眼睛的透视关系定出眼睛的宽度，然后根据其透视关系画出前面圆、后面扁的形状，接着画出眉形。

02 用可塑橡皮擦虚铅笔线稿，然后用偏硬一点的红棕色彩铅有轻重变化地勾线。

03 用最浅的玫粉色水溶性彩铅从暗部开始往亮部铺一层底色，注意不要有笔触。

04 根据设定颜色的深浅，有层次地加深眼部的颜色，然后用黑色画出眼线，眼尾宽、重，内眼角轻、细。

05 有规律地画出睫毛，眼尾长，往内眼角慢慢变短，睫毛两根一组，排列画出。然后画眼球，要注意正侧面瞳孔的椭圆形特征。接着画出黑色眼珠，画的时候可以留出白色高光点。最后用蓝色画出瞳孔的颜色，瞳孔边缘要加重，增强其体积感。

06 画出眉毛的颜色，眉头轻一点，中间重，慢慢往后过渡，然后调整整体眼睛的层次及对比度，直到画好为止。

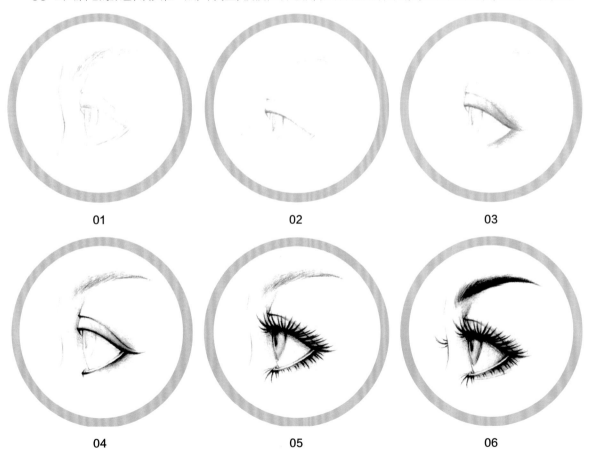

| 01 | 02 | 03 |

| 04 | 05 | 06 |

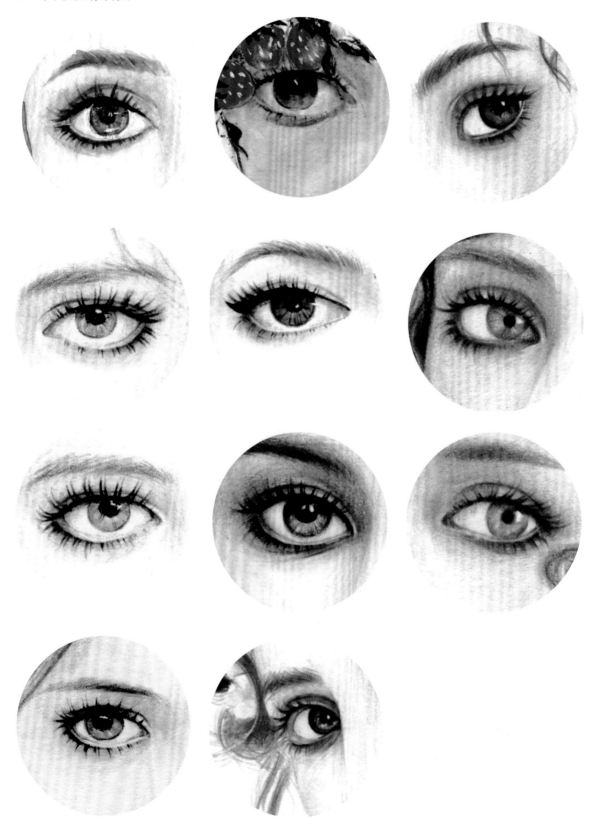

2.2.3 鼻子的分析与绘制

鼻子在时装画中的颜色算是比较浅的，没有太多重色，重中之重是要准确画出鼻头、鼻翼的体积质感，同时又不能过于烦琐。

◎ 鼻子的结构分析

在塑造鼻子之前要先了解鼻子的结构，在绘制时需要注意鼻梁和鼻底的形状特点，鼻头较坚挺，鼻梁较窄。所有的角度都需要表现出鼻孔的部分，有时候也要适当加点阴影在鼻底，让鼻头更加突出、立体。

了解鼻子的结构可以使我们把鼻子绘制得形状更加准确，塑造刻画得更加有体积感。在表现女性的鼻子时，要弱化结构，表现出通透的质感，以此来突显女性柔美的气质。

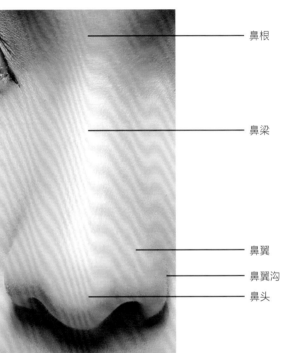

鼻根

鼻梁

鼻翼
鼻翼沟
鼻头

◎ 鼻子的绘制技法

正面鼻子的绘制

01 定出鼻子的宽度，然后用铅笔画出鼻孔和鼻翼的形状。

02 用可塑橡皮擦虚铅笔稿，然后用红棕色彩铅有虚实地勾勒形状。

03 用肉色彩铅上色，注意重色集中在鼻底，最重的颜色在鼻孔。

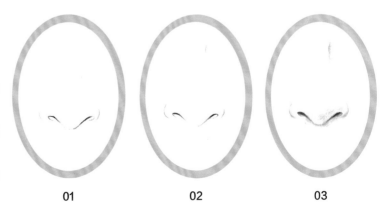

01   02   03

3/4侧面鼻子的绘制

3/4侧面的鼻子在绘制时要注意透视关系，近大远小，还有鼻梁的倾斜度，鼻底在绘制时注意鼻孔的形状和大小。

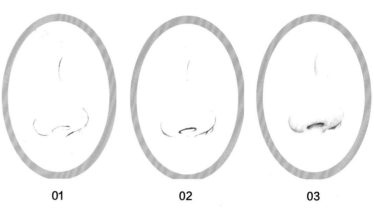

01   02   03

正侧面鼻子的绘制

正侧面的鼻子在体积塑造上并不是很好把握，需要耐心，注意鼻梁和鼻孔的形状，鼻梁处的高光留白，同时要找好鼻子与眼窝、人中的衔接关系。

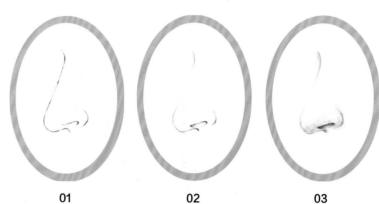

01   02   03

◎ 不同鼻子欣赏

2.2.4 嘴唇的分析与绘制

嘴唇和眼睛一样，可以通过面部表情特征传达情感。在嘴唇的绘制过程中，切记不要加黑色，否则会很脏，上色塑造时也要注意嘴唇的质感，这是学习的重点。

◎ 嘴唇的结构分析

嘴巴由上嘴唇和下嘴唇构成，唇中线近似"W"字母形状，下嘴唇比上嘴唇厚，嘴角微微上翘，嘴巴周围由口轮匝肌构成。嘴巴在面部呈微突出状态。

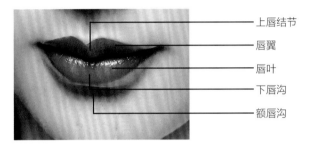

上唇结节
唇翼
唇叶
下唇沟
颏唇沟

◎ 嘴唇的绘制技法

正面嘴唇的绘制

01 确定嘴唇的位置，并画出上嘴唇、下嘴唇的形状，要注意对嘴角进行上扬处理，然后用彩铅勾线。

02 根据口红的颜色进行上色，先用最浅的肉色打底，颜色要均匀。

03 深入刻画，注意嘴角里不要有黑色，嘴唇里面用深红色加深层次，最后可以加一点纹理，让嘴唇看起来更真实。

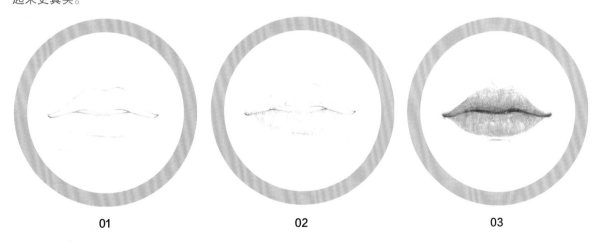

01   02   03

正侧面嘴唇的绘制

01 确定嘴巴的位置，然后定出唇中线，并画出上嘴唇、下嘴唇的形状，要注意正侧面上嘴唇比下嘴唇突出，嘴角上扬处理，然后用彩铅勾线。

02 根据口红的颜色进行上色，先用最浅的肉色打底，颜色要均匀。

03 深入刻画，注意嘴角里不要有黑色，最后可以加一点纹理，让嘴唇看起来更真实。

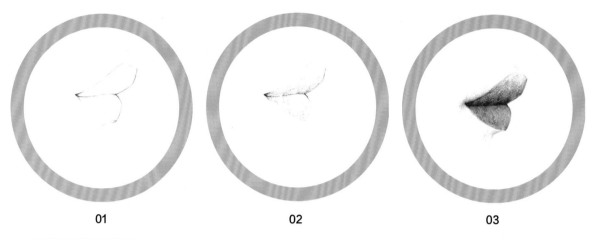

01   02   03

3/4侧面嘴唇的绘制

01 确定嘴巴的位置，并画出上嘴唇、下嘴唇的形状，这个角度需要把握好近大远小的透视关系，要注意对嘴角进行上扬处理，然后用彩铅勾线。

02 根据口红的颜色进行上色，先用最浅的肉色打底，颜色要均匀。

03 深入刻画，注意嘴角里不要有黑色，最后可以加一点纹理，让嘴唇看起来更真实。

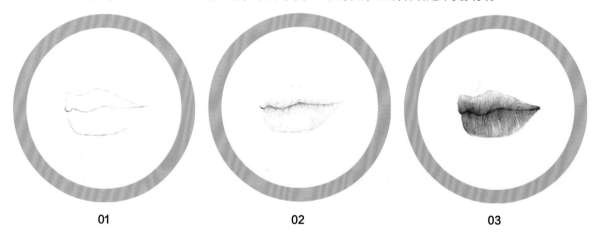

01   02   03

◎ 不同嘴唇欣赏

TIPS

绘制嘴唇的注意事项：

①注意唇中线的形状，很多人把唇中线画得特别平。

②注意嘴角是上扬的状态，很多学员在绘制过程中容易出现把嘴角画得太直的错误。

③注意上嘴唇一般薄于下嘴唇。

④注意嘴唇的质感，肉肉的，是没有骨头的。

2.2.5 耳朵的分析与绘制

绘画者在时装画绘制过程中常常会忽略掉耳朵，虽然它确实不是特别重要，很多时候会被头发挡住，但是在刚开始的头部练习过程中，还是需要将耳朵画出来，这会更有利于找准形体。

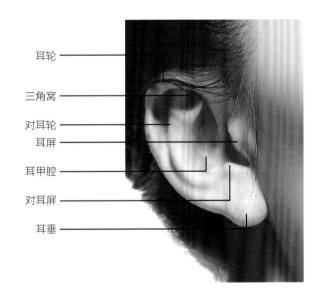

耳轮
三角窝
对耳轮
耳屏
耳甲腔
对耳屏
耳垂

◎ 耳朵的结构分析

耳朵是由耳垂、耳屏、耳轮和耳窝几个部分组成的，整个外形近似"？"的形状。

在找耳朵的最高点和最低点的时候，一般会横向与眉毛和鼻底做比较，这样更容易找准位置。

◎ 耳朵的绘制技法

01 根据其他五官的位置（包括脸型）找出耳朵的位置，并勾出外轮廓形状。

02 仔细观察耳朵的结构，画出轮廓细节形体，并仔细对比，直到完美为止。

03 在没有错误的情况下，用辉柏嘉可塑橡皮擦虚线条，然后用红棕色彩铅进行勾线，注意线条的虚实变化。

04 用肉色辉柏嘉水溶性彩铅上色，根据阴影关系进行塑造，然后在耳洞等位置用棕色彩铅加深，直到效果出来为止。

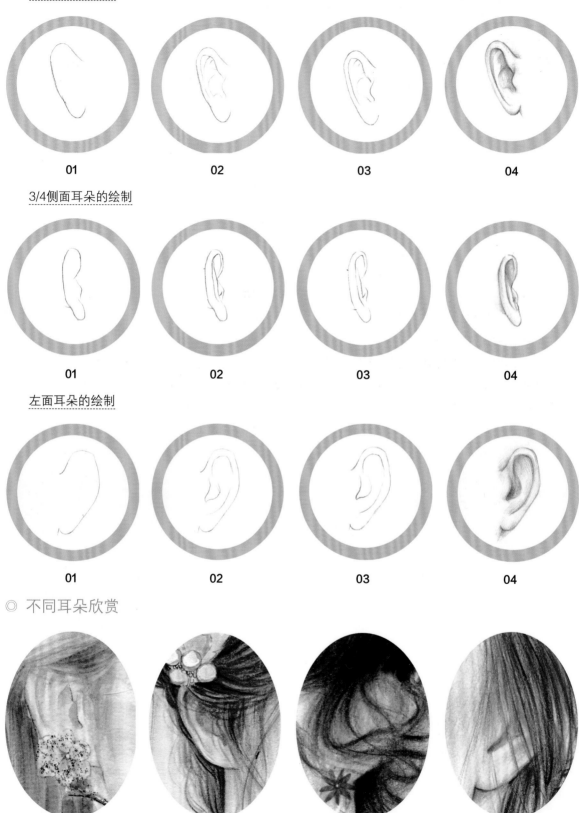

右面耳朵的绘制

01　　　　02　　　　03　　　　04

3/4侧面耳朵的绘制

01　　　　02　　　　03　　　　04

左面耳朵的绘制

01　　　　02　　　　03　　　　04

◎ 不同耳朵欣赏

2.2.6 头发的分析与绘制

　　头发非常的关键，一个好的发型可以改变一个人的形象。在时装画中也是一样，我们应该以美发师的眼光去给绘制的时装画搭配合适的时尚发型。

　　在遇到大量的、很蓬松的头发时，很多学员就不知所措。其实处理方法很简单，只需要对头发进行分组，一缕一缕的去画即可，而且这样处理更有层次感，更有主次之分。

◎ 头发的绘制要点

　　①了解头部的形状和五官的特征，根据人物气质画出相应的发型外形。

　　②分出大概的块面区域。

　　③进行简单的分组，把握好头发的穿插关系以及头发飘逸柔软的质感。

　　④精细地绘制头发的发丝，注意头发的体积感和飘逸的节奏感。

　　⑤调整边缘形状，最后加上碎发。

2.3 四肢与绘制

2.3.1 腿部的分析与绘制

在时装画表现中，腿的比例、动态都非常重要，很多学生在绘制时不敢动笔，这是一个不好的习惯。要敢于画，将问题暴露出来，并进行分析、总结，这样才能越来越好。

◎ 腿部的结构分析

想要画好腿部，需要先了解清楚腿部的结构以及肌肉的形态。在时装画中，腿一般是夸张美化过的，肌肉结构简单，腿部线条修长。

如右图，男性腿部与女性腿部相比，肌肉会比较发达，在绘制的时候不要画得太修长，以表现强壮为主。

男性的肌肉形体会比较夸张、明显，线条刚劲有力。

女性的腿部肌肉较柔和，腿部动作可以稍微夸张，可以拉长腿部，同时注意腿部曲线以及腿与身躯的协调度。

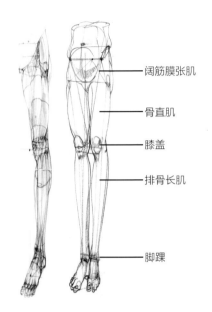

阔筋膜张肌

骨直肌

膝盖

排骨长肌

脚踝

◎ 腿部的绘制要点

在绘制腿部时需要注意以下几个要点：
①腿部最突出的部位是盆骨。
②在绘制之前先找出腿部动作方向，并画好辅助线。
③绘制腿的时候要注意，大腿比较直，呈圆柱体形状。

④注意膝盖向内侧突出的弧度。
⑤小腿的肌肉比较突出，脚踝细。
⑥人物重心要稳，随时检查。
⑦注意脚踝骨的形状。

男性腿部

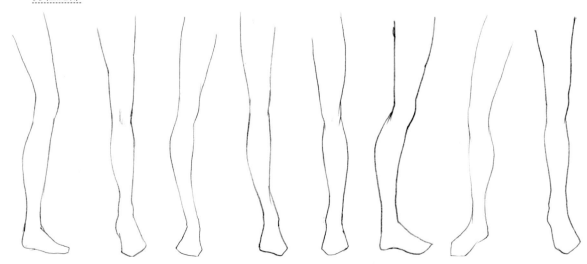

女性腿部

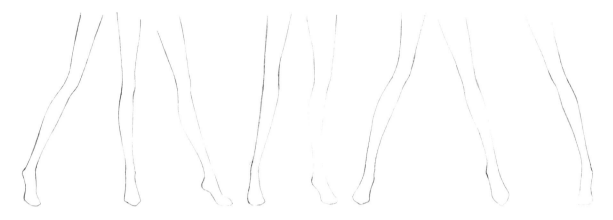

2.3.2 脚部的分析与绘制

在时装画绘制时，很多学生会忽略鞋子，或者将它画得很畸形，这是因为很多学生只看到了鞋子这个"空壳"，没有考虑到脚的形状和透视变化。希望大家通过本节的学习，能够正确掌握脚部的比例和形状特征。

◎ 脚部的结构分析

脚部主要由脚跟、脚踝、脚弓和脚趾4个部分组成。脚趾部位宽大，脚跟细，脚趾与手相似，都有一定的弧度，且向第二趾靠拢，脚的内侧有一定的弧度。以女性足部为例，脚踝、脚尖和脚跟的扭动，会带来不同的动作形态。

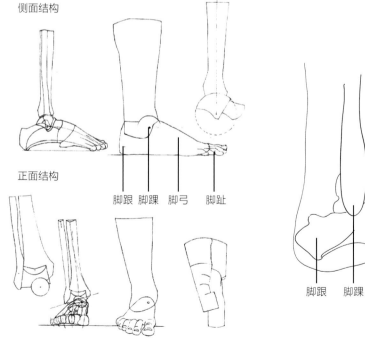

侧面结构

正面结构

脚跟 脚踝 脚弓 脚趾

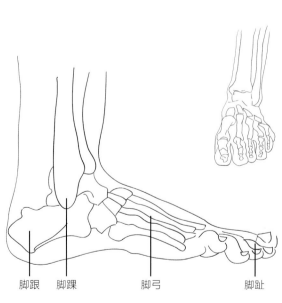

脚跟 脚踝 脚弓 脚趾

◎ 脚部的绘制要点

在绘制脚部时需要注意以下几个要点：

①注意找准脚的透视关系。

②脚是2/3个头长。

③当脚站立时，脚尖部分宽，脚跟细。

④脚趾的大脚趾部分长于小脚趾部分。

⑤当画侧面时，要注意脚背和脚踝的曲线结构。

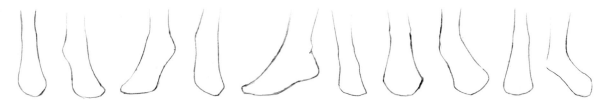

2.3.3 手部的分析与绘制

为了能够画出优美的手部，首先需要了解手部的结构关系。手部的特点是肉少、骨骼明显、动作灵活多变。在绘制时，线条要方一点，在画手指的时候要稍微修长一点。

◎ 手部的结构分析

手部的动作是人的第二表情体现，灵活多变的手指可以呈现出不同的姿势，动作比较多。手由手掌、手指和关节构成，熟悉手部外部轮廓和关节曲线，有利于画出优美的手部动作。

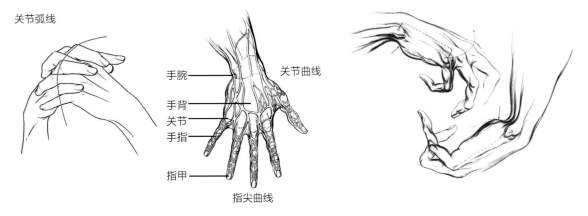

关节弧线

手腕
手背
关节
手指
指甲

关节曲线

指尖曲线

◎ 手部的绘制技法

下面为大家讲解快速画出手部的方法。

01 看手的剪影，准确画出手的外形轮廓。

02 画出手部关节的弧度辅助线。

03 画出手指头的朝向转折。

04 画出具体的手部形状，手指头可稍微修长一点。

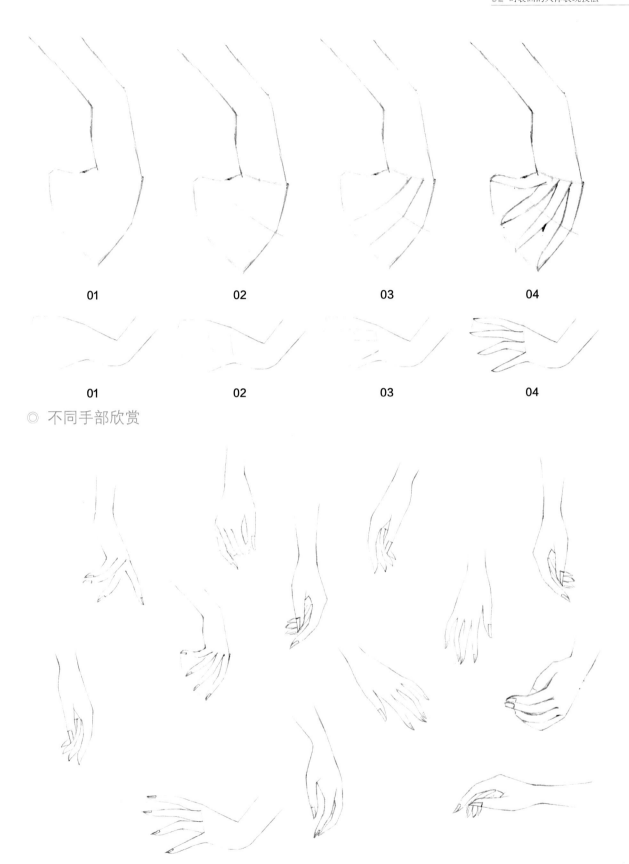

01　　　　　02　　　　　03　　　　　04

01　　　　　02　　　　　03　　　　　04

◎ 不同手部欣赏

2.4 影响人体动作的主要因素

在时装画中，服装人体表现是难点也是重点，只有选择适合的人体动态和姿势，才能更好地将服装的效果展现出来。人体的结构非常复杂，通过运动变化可以产生丰富的动态，虽然看似很复杂，但是其中却有规律可循。下面就为大家讲解影响人体的主要因素：颈椎、肩关节、肘关节、手腕、胯关节和膝关节等，希望大家能够掌握其中的变化规律。

2.4.1 颈椎

脖颈的扭动会使头部呈现出不同的姿势，从而体现出不同的人物气质和情感，常见的有仰视、俯视、3/4侧脸和正侧脸等。可以以正面头部为参考，比较各个面的头部比例与透视，尽可能掌握其中的变化规律。

2.4.2 肩关节

肩胛骨连接着手臂和躯干，通过与锁骨的相对运动，产生手臂的运动规律。手臂的结构并不会发生任何改变，只是运动幅度发生变化，掌握这个规律，有助于绘制出优美的手臂动作。

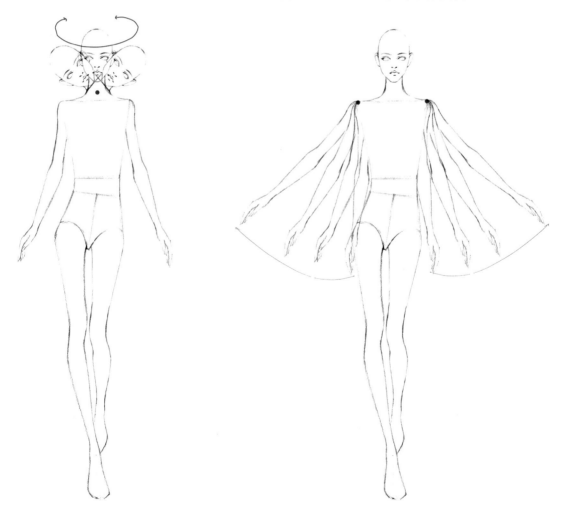

2.4.3 肘关节

肘关节连接上臂和下臂，整个肘部由肱骨、尺骨和桡骨组成，通过肘关节的活动，产生小臂的运动变化。在其他几个因素不变的情况下，肘关节只能产生小臂一个平面的运动规律。

2.4.4 手腕

手是人体绘画的难点，而影响手部各个姿势的主要因素却是手腕，通过手腕的旋转，手部可以产生不同的动态。

2.4.5 胯关节

　　腿部总是会有丰富的动作，臀部与大腿连接的地方是其产生动作的支点——胯关节。基于该支点，腿部可以前后左右运动，而腿部本身的结构并没有发生变化。需要注意的是在不同角度下的透视比例关系。

2.4.6 膝关节

　　膝关节是连接股骨与腓骨的结构，小腿通过膝关节的活动发生改变。需要注意的地方是小腿的肌肉，当腿部伸直站立的时候，小腿肌肉类似一个椭圆形，当腿部向后慢慢抬高，小腿肌肉会从椭圆形慢慢变圆。

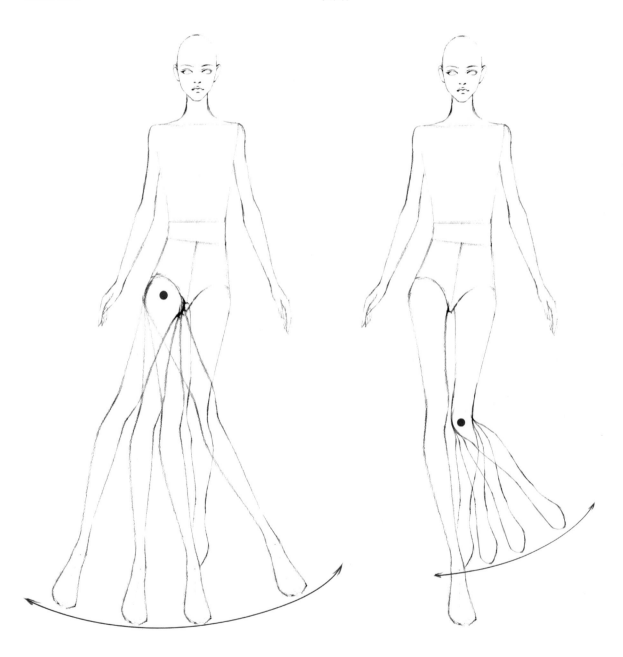

03

服装饰品的
绘制技法

饰品是服饰设计中重要的组成部分，能起到画龙点睛的作用。了解各饰品的特征和绘制技法，有助于我们更好地去学习和掌握时装画。

3.1 首饰的绘制技法

　　首饰包括耳环、项链、戒指和手镯等，主要起装饰作用。在绘制首饰的时候要注意线条粗细和轻重的变化，每一个元素都要交代清楚，上色应该轻快利落。

　　在对首饰进行设计画图时，一般先画出详细的线稿，每个细节都应该画清楚。对于这种细致的效果图，建议使用0.3号和0.5号的自动铅笔，表现出强烈的效果对比，然后再上颜色。

3.1.1 影视首饰分析

　　影视剧里出现的首饰一般都比较华美，造型多变，结构复杂，色彩丰富，纹理细腻。在设计这些首饰部件时，主要以线稿呈现为主，然后请饰品工匠们做出来。

　　影视中常见的首饰品有发冠、发钗、簪子、吊坠和珠子等。在绘制这些饰品部件时，需要画出准确的比例和形状，细节也要表现清楚，还要注意饰品表面的凹凸层次感，然后再配上文字标记，这样才是一张清楚明了的影视饰品设计稿。

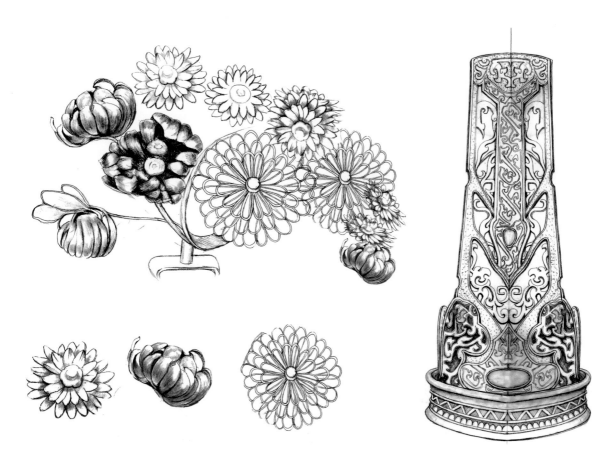

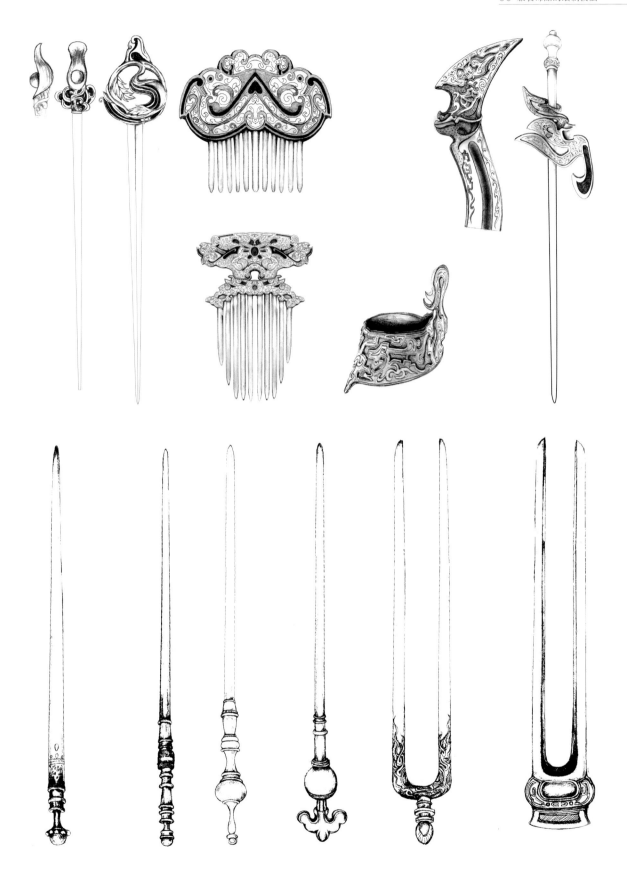

3.1.2 时尚首饰分析

时尚首饰是时尚生活中出现较多的饰品，其特点是精致时尚、风格多样、款式多变、色彩丰富。在画时尚首饰的时候，可以用牛皮纸画，这样不仅易出效果，还能增加时尚的感觉。

◎ 绘制要点分析

①在纸张上定一条中间辅助线。

②用自动铅笔轻轻勾勒出饰品的大概轮廓，然后再详细画出细节。

③检查无误后，用0.05号棕褐色针管笔勾线。

④根据饰品想要的颜色由浅到深上色刻画。

⑤对比检查整体效果，局部还可以加点闪粉以增加效果。

3.2 包的绘制技法

根据款式，包可以分为单肩包、双肩包、手提包和手包等；根据材质，包可以分为皮包、帆布包、PVC包和布艺包等。不同材质和款式的包，呈现出来的感觉也不一样，在什么时间、什么场合应该搭配什么样的包，都需要去研究。在绘制包的时候要尽量画准透视关系，同时表现出包的面料特性和造型上的美感。

◎ 包的绘制技法

01 用铅笔画好外形和细节，尽量用直线，转折处柔中带方。

02 进行勾线，要注意线的粗细和轻重变化。

03 搭配好颜色，由浅到深进行刻画，各层次都要表达清楚。

01	02	03

01	02	03

01   02   03

◎ 包的作品欣赏

3.3 帽饰的绘制技法

　　这里所讲的帽饰是对帽子和其他头部覆盖物的统称。紧罩头部并带有舌檐的帽子称为带舌帽；带有帽顶和周圈帽檐的帽子称为带檐帽。帽子的款式还有很多，如网球帽、贝雷帽、太阳帽和鸭舌帽等。不同的帽子搭配相应的服装，会起到画龙点睛的效果，呈现出不同气质。在适当的场合和时间搭配一款合适的帽饰，会衬托出更加美丽的一面。

◎ 帽饰的绘制技法

01 用自动铅笔画出帽子的形状和细节。

02 根据线稿进行勾线，注意线条的轻重和虚实变化。

03 由浅到深一层一层地画出颜色，注意深浅和层次关系。

01   02   03

01   02   03

01   02   03

◎ 帽饰作品欣赏

3.4 鞋子的绘制技法

　　鞋子是以皮、布、木、草、塑料和丝等为材料制作的穿在脚上、走路时着地的物品，它是人类必不可少的生活用品。

　　不同材质的鞋子，在绘制时所用的线条、笔触和叠色技巧也都不同。了解足部结构，掌握鞋子的形状，可以更好地表现鞋子的造型和质感。

◎ 鞋子的绘制技法

01 用铅笔准确画出鞋子的轮廓及细节装饰。

02 用黑色毛笔仔细勾线，注意线条的粗细变化。

03 找准色调，先用该色系浅色马克笔有层次地铺底色，注意笔触要清晰、轻快。

04 深入刻画鞋子的体积及质感，然后对比检查整体效果，接着调整细节，完成绘制。

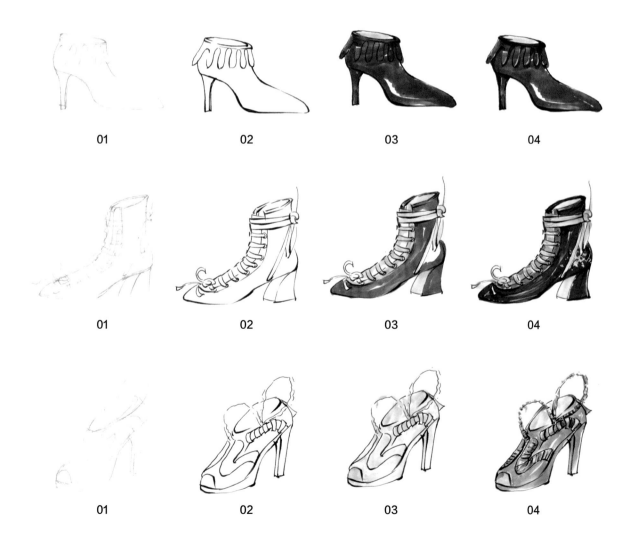

01　　　　　02　　　　　03　　　　　04

01　　　　　02　　　　　03　　　　　04

01　　　　　02　　　　　03　　　　　04

04

时装画的
勾线技法

在对时装画勾线时，用笔应刚劲有力，表现出线条的轻重、虚实和粗细变化，表现出抑扬顿挫、行云流水的感觉，这样，线条才有活力、有韵律，才能表现出手绘的魅力。想要画好时装插画，线条是基础，需要多研究学习大师的笔触、色彩和绘画思想。不仅要从时装大师那里学习，还要从其他艺术形式里学习，只有这样才会不断得到升华。

4.1 人体与服装的关系

　　人体是衬托衣服的架子，画好人体是第一步。有了人体作为服装的载体，再复杂的衣服，在上面都可以很好地呈现出来，也会表现得更加得体。直接从头到尾勾勒衣服线条，对于大多数基础弱的同学来说，很容易画变形，感觉"衣服没有穿在身上"，久而久之会画得越来越差。因此在绘制时装画的时候，要学会思考，学会寻找方法和技巧。

4.1.1 露腿服装的绘制要点

①由于衣服会遮挡大部分身体，只是露出腿部，因此腿部的形体结构一定要画准确。

②正常画出人体动作，直到无误为止。

③把衣服遮挡的人体部位先擦虚，然后再轻轻画出衣服的大概体量感，接着详细画出衣服轮廓及细节，画完后检查形体是否自然、美观。

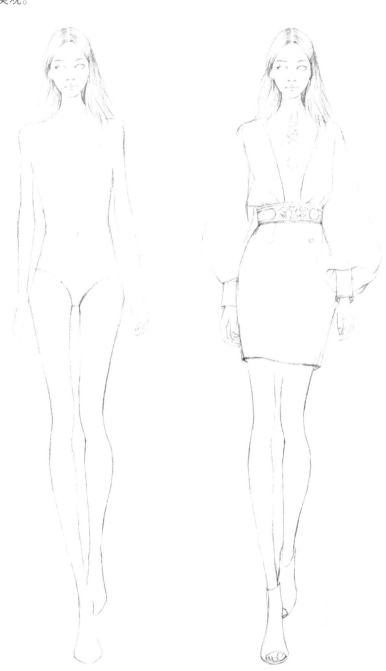

4.1.2 服装遮住人体的绘制要点

①对于服装遮住人体这种情况，很多人可能会选择偷懒的办法，直接画表面的衣服，这样很容易出现把衣服画成一个空壳的问题。

②正确的做法是要透过衣服想象人体的形体结构，特别是肩、腰、臀部和腿这几个地方，有没有什么大动作。

③画出正确的人体后，再画出衣服的外轮廓和花纹细节。

4.1.3 大体量服装的绘制要点

①在表现大体量的服装时，人体一定要画准确，特别是腿部，不能太短。

②由于身体扭动的幅度比较大，要注意臀部和上躯的形体动作。

③在画衣服的时候，尽量把腰线往上移。

④衣服的裙摆在绘制时可以稍微夸大一点，这样会更有气势。

总结：不管绘制什么样的服装都要记住，不能嫌麻烦，每一步都要认真对待，切记不可偷懒，理解并掌握好人体与服装之间的关系，才能画出更好的时装画。

4.2 彩铅勾线技法解析

或许有人会问，在用铅笔画好线稿后，为什么还要用彩铅勾一遍呢？

原因1：在铅笔稿上直接上色，手很容易蹭上铅笔末儿，导致画面变脏。

原因2：用彩铅勾一遍轮廓，然后擦掉铅笔线，纸在绘画过程中会比较干净。

原因3：用彩铅勾线会有轻重虚实的变化，衣服的层次会更加明显，有利于上色，韵律感也会更强。

◎ 彩铅勾线技法要点

①用铅笔在白卡纸上画好人体动态。

②在画好人体后，用铅笔勾画衣服的轮廓和细节。

③用可塑橡皮擦虚铅笔稿的线条，只要能看清印记即可。

④对皮肤、头发和五官用红棕色彩铅勾线，注意笔尖要细；衣服的轮廓可以根据衣服的具体颜色选择对应的彩铅进行勾线。

案例一

案例二

◎ 彩铅勾线作品欣赏

4.3 水彩勾线技法解析

　　在画水彩的时候，有很多种绘制方法，其中最常用的有两种：一种是轮廓层次很清楚的绘制，这需要事先勾勒好线条，在本节将为大家讲解；另一种是不勾线的虚实表现法，在后面的章节会为大家详细讲解。

　　画水彩需要用专业的水彩纸。水彩纸的纹理比彩铅纸的纹理粗，因此在使用自动铅笔绘制的时候，用力要轻。水彩勾线使用的是防水墨水，它能避免水彩上色时把边缘的轮廓线晕掉，使画面保持干净，这也是为什么不用水彩颜料直接勾线的原因。

◎ 水彩勾线技法要点

　　①用自动铅笔画好人体的动作形态。

　　②用自动铅笔在人体的基础上勾勒衣服的形态。

　　③用可塑橡皮擦擦虚铅笔稿，然后用蒲公英小勾线毛笔勾线，使用的墨水是日本巨匠漫画防水墨水。在勾之前需要取出适量的墨水放在调色盘里，用清水稀释成灰色，再进行勾线。

　　④在皮肤位置的勾线时要细、轻，给衣服勾线可以稍微粗一点，但还是要注意线条的粗细、轻重和虚实，线条要有韵律感。

案例一

案例二

案例三

◎ 水彩勾线作品欣赏

4.4 马克笔勾线技法解析

　　马克笔轻快、干净和利落的感觉，让很多学生爱不释手。在马克笔时装画中，线条的绘制是非常重要的，线条要画得准确、优美，才能很好地与颜色形成呼应。其次还要知道一点，马克笔的笔触都比较粗，因此线条要尽量细，以此形成对比。

　　马克笔时装画的勾线需要用到棕褐色针管笔和吴竹极细毛笔，它们能使画面更容易出效果。

◎ 马克笔勾线技法要点

　　①用自动铅笔画好人体的动作形态。

　　②在人体的基础上用自动铅笔画出服装，注意衣服的体量和廓形。

　　③检查无误后，用可塑橡皮擦虚线条，能看到之前所画的痕迹即可。

　　④先勾皮肤的线条，用Coplic棕褐色0.05号针管笔勾皮肤的线条，要画出抑扬顿挫的感觉。如果有的同学觉得0.05号针管笔有点粗，特别是在画五官等比较精致的地方时，也可以选择0.03号针管笔。

　　⑤头发用吴竹极细毛笔勾画，其线条比较合适；衣服也可以用这个型号的笔进行勾画。如果想使粗细变化更夸张点，可以选择吴竹中号毛笔。

 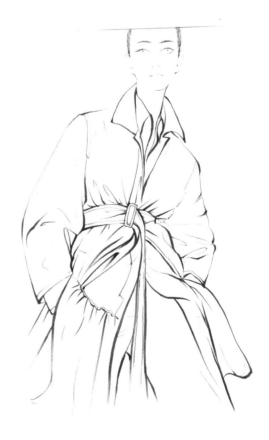

案例一

画五官时,对五官的神韵和细节都要交代清楚,皮肤的颜色要与头发、衣服的颜色区分开。

褶皱的用线要注意轻重和粗细变化,线条的穿插要条理清楚。

案例二

五官的处理要精致,虚实得当。

皮草毛的质感表现方式与表现头发有一些相似。

对荷叶边的层次要表达清楚。

案例三

案例四

05

时装画绘制技法的综合表现

在全面掌握服装设计手绘的基础知识后，本章进入对整体形象绘制的学习，需要结合线条、人体、色彩、笔触、服饰搭配、饰品和情感意境等，通过运用不同的技法恰当表现出服装的款式、材质及面料质感等，更好地为服装设计工作服务。

5.1 时装画彩铅绘制技法的表现

　　彩铅是绘画者比较喜欢并能够快速掌握的一种绘画工具。在学习时装画的初级阶段，特别是对基础较弱的同学来说，从彩铅入手学习，可以了解素描关系和色彩搭配关系，是一种很好的选择。

彩铅的笔触

①有规律地向一个方向排线。多在最后营造气氛时使用。

②多层次叠加排线。对于表现粗糙材质的服饰可以使用这种方法。

③将线条画成面的形式是贯穿整个时装画绘制的一种上色方法，它能避免彩铅粗糙的肌理效果。

④中间重两边虚的排线。在头发和大面积上色的地方使用较多。

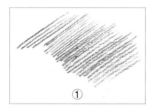   

① ② ③ ④

5.1.1 头部彩铅绘制技法

　　本节主要讲解时装画中人物头部的绘制技法，因为头部非常关键，所以特别讲解了头部细节的绘制方法。

◎ 3/4侧面头部彩铅绘制技法（荷兰白卡）

01 观察模特的特点，用之前所介绍的头部绘制方法找出准确的形体和结构。一定要注意3/4侧面头部的透视关系，并仔细检查是否存在问题。

02 检查无误后，用辉柏嘉可塑橡皮擦虚铅笔线稿，能看到印记即可，注意保持画面的干净，然后用红棕色彩铅以虚实结合的技法将整个轮廓勾一遍。

03 从暗部到亮部仔细刻画眼睛，结构要准确，表现出眼睛的立体感，注意颜色的深浅变化。

04 采用同样的方法绘制出另一只眼睛，注意近实远虚的透视关系。

05 画完眼睛后，可以从眼睛处以向周围扩散的方式画出鼻子的颜色。鼻子为肉色，鼻孔的颜色最深。然后根据整体画面的色调选一种口红的颜色，画出唇部，注意嘴唇的边缘。

06 完成五官的绘制后，接下来绘制皮肤的颜色，注意将线条画成面的形式，尽量让彩铅与纸服贴，拉开下巴和脸的空间关系。

07 画头发，注意要有层次地进行上色，第一遍用土黄色铺一层底色。

08 用黄棕色、浅棕色、深棕色和黑色依次加深不同部位头发的色调，体现出层次和体积感，让整体效果更强。

09 细致地画出精致的头饰，注意细节的表现，增加画面的闪光点。在画衣服的时候，不需要特别深入的处理，采用写意的方式处理即可，与严谨的面部形成对比。最后检查整个画面，注意边缘的虚实、局部的细节，要多对比，直到满意为止。

TIPS

用彩铅绘制时一定要注意将彩铅削尖，以保证画出来的线条不会太粗糙。

◎ 正面头部彩铅绘制技法（包装纸）

01 用铅笔画好线稿，并仔细检查结构和细节。

02 从眼睛开始深入刻画，注意颜色的层次和深浅变化。这是一种不勾线的上色方式，因此要保证绘制过程中手部的干净。

03 深入刻画鼻子、嘴巴，然后画出周围皮肤的颜色，注意颜色的过渡和虚实处理。

04 面部和颈部上色，与五官拉开层次，突出下巴。

05 用黄棕色打底，给头发画第一遍颜色。

06 用浅棕色和深棕色彩铅有深浅层次地再次加深头发的颜色。

07 根据画面的需要加一些黑色，一般加在最深的地方。

08 花朵用了一点水彩进行表现，有薄薄的感觉，以与头发形成对比。最后检查整体和局部，直到无误为止。

◎ 头部彩铅绘制作品欣赏

5.1.2 纱材质彩铅绘制技法

纱是一种很常见的面料，比较轻盈，其绘制要点是体现通透、轻薄的感觉，在上色过程中不会使用太多的笔触颜色。

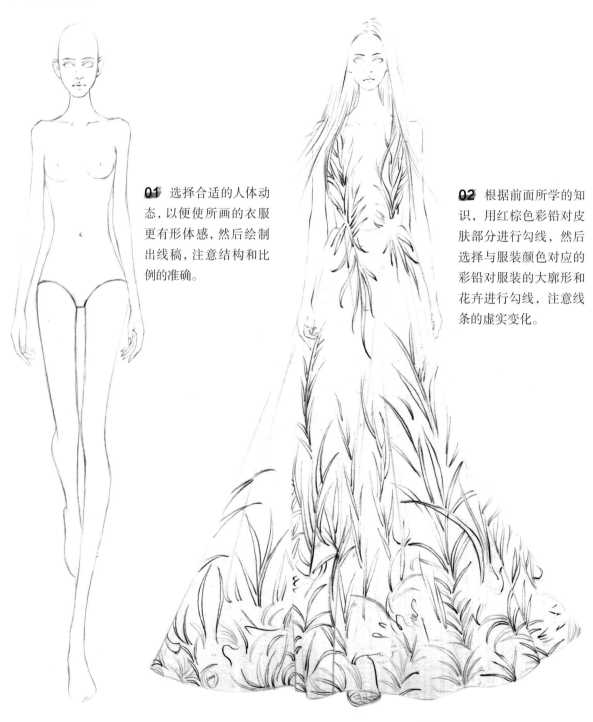

01 选择合适的人体动态，以便使所画的衣服更有形体感，然后绘制出线稿，注意结构和比例的准确。

02 根据前面所学的知识，用红棕色彩铅对皮肤部分进行勾线，然后选择与服装颜色对应的彩铅对服装的大廓形和花卉进行勾线，注意线条的虚实变化。

03 从头部开始上色，深入塑造。对
于衣服在褶皱的地方上颜色就可以
了，表现出纱的质感。花卉要画好
边缘的颜色，这样才会显得精致。

TIPS

头部的上色可以参考上一节所讲的
知识。

5.1.3 花卉图案彩铅绘制技法

　　很多学员看到复杂的花卉就感觉无从下手。在花卉的表达上，我总结了两种处理手法，这里介绍一种
通过彩铅的叠色来表现花的层次感的方法。

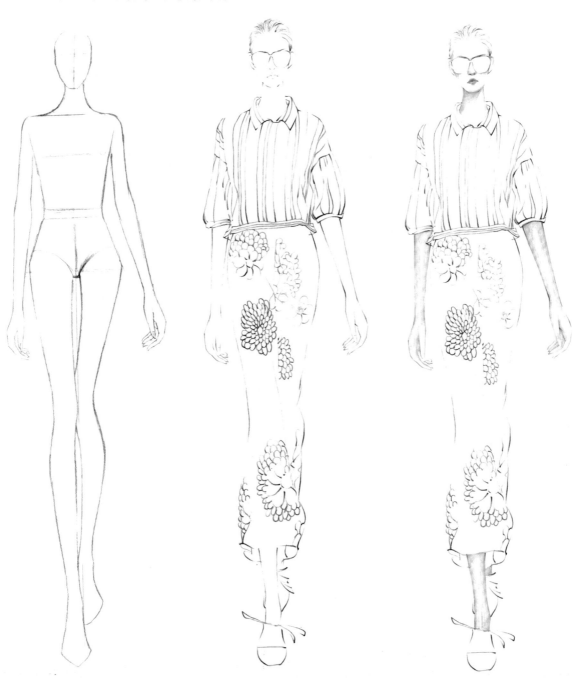

01 用铅笔画好人体动态。

02 在人体的基础上绘制出服装的款式，然后用彩铅进行勾线，并擦掉铅笔痕迹。

03 用肉色彩铅给皮肤上色，然后用红棕色彩铅加重深色部位。

04 深入刻画五官、面部和头部。金黄色的头发用土黄色彩铅绘制，就可以达到想要的效果。注意对眼镜的透明质感的表现。

05 给上身的条纹先铺一层浅色。

06 根据形体的结构和凹凸关系加深条纹的颜色，处理好体积关系。

07 接下来讲解需要重点绘制的花卉。花卉一般花心颜色重，往外扩展时颜色轻。先对黄色的花心、紫色的花瓣从里向外、由深到浅地画一遍底色，注意要有层次地绘制。

08 加深花瓣的颜色，有层次地加强对比度。

09 在花瓣的外面加一些叶子的图案，笔触可以松一点。

在绘制花卉时，由于花瓣较多，因此应该先分
好花瓣的层次，再有条不紊地上色，一般会有
不错的效果。

10 在叶子间加一点重色和一些写
意的线条，处理好它们与花瓣之间
的层次关系。

11 给鞋子上色，然后整体检查
画面，加强效果的对比度，直到
满意为止。

5.1.4 牛仔服材质彩铅绘制技法

　　牛仔面料一般是蓝色的，用彩铅可以很容易地体现它的质感，因为彩铅粗糙的笔触刚好符合牛仔的面料特性，所以只要选对颜色，效果很快就能呈现。

◎ 牛仔面料与其他面料结合彩铅绘制技法

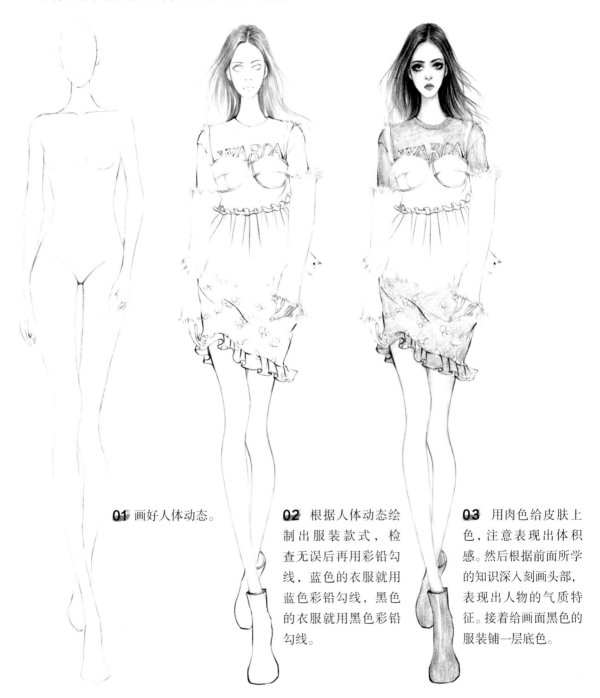

01 画好人体动态。

02 根据人体动态绘制出服装款式，检查无误后再用彩铅勾线，蓝色的衣服就用蓝色彩铅勾线，黑色的衣服就用黑色彩铅勾线。

03 用肉色给皮肤上色，注意表现出体积感。然后根据前面所学的知识深入刻画头部，表现出人物的气质特征。接着给画面黑色的服装铺一层底色。

04 黑色上衣是画面中颜色比较重的部分，绘制时要表现出体积感，切忌画成一片死黑，字母可以留白处理。

05 裙子和上衣的绘制方法一样，对于花朵部分可以深入刻画几朵，其他的花朵以色块表现，体现出虚实变化。

06 用浅蓝色彩铅根据牛仔裙表面的凹凸面铺一层颜色，把关系表现对即可。

牛仔是属于稍硬的面料，因此布料表面会有各种转折面，在绘制的时候要通过细微的颜色差别去区分这些面，除此之外，压边、缝纫线和留白这些都需要好好去刻画表现。

07 深入刻画，加深牛仔面料的颜色。牛仔的缝纫线要表现出来，还有上面一些水洗留白效果，只要把牛仔面料的这些特征表现好，牛仔的质感就会很真实地呈现出来。

08 画好黑色鞋子，上色笔触要肯定。最后整体检查画面，直到完整、满意为止。

◎ 牛仔套装彩铅绘制技法

单独的牛仔面料绘制技法和前面一样，这里就不再重复表述。大家可以跟着步骤多多练习，掌握其中的绘制技巧和方法。

5.1.5 皮革材质彩铅绘制技法

皮革是一种比较硬的面料，其表面有强烈的反光，明暗反差对比较大，转折面比较方，在用彩铅表现时，需注意上色的笔触要平滑。

01 绘制出人体动态造型和服装款式的线稿，然后根据前面所学的方法进行勾线。

02 给皮肤上色，并深入刻画面部。透光的墨镜，应该先画好眼睛，再画墨镜的颜色。

03 深入刻画头发，金黄色的头发用土黄色彩铅表现。

04 在绘制棕色的皮革上衣时，先浅浅地铺一层底色，笔触要平，要有块面感，注意颜色的深浅变化。

05 深入塑造皮革，加深颜色层次，"挤出"高光。

06 给牛仔裤上一层底色，包的颜色可以根据衣服搭配相应的颜色。

08 绘制出鞋子的颜色，注意
体积感的表现，然后继续加强
对比，检查整体画面的层次及
边缘的虚实关系。

07 加深牛仔裤的颜色，加强层次
对比，注意处理好纹理细节。

5.1.6 编织材质彩铅绘制技法

在服装面料再造中，编织物通过交叉呼应，会形成不一样的效果，在绘制的过程中需要处理好编织的层次与细节。

01 本案例是一个坐姿人体动态，腿部横向摆着，上身的比例不变，完成动态绘制后给人体"穿好衣服"。

02 用棕色彩铅勾勒轮廓，注意线条的虚实变化。

03 深入刻画头部，绘制出面部精致美丽的五官，脸上不要有太多颜色，色彩主要集中在五官上。

04 先给编织衣物画上蓝色的条，组织好层次关系。

05 画出衣服的红色编织条，注意立体感。

06 在蓝色和红色的编织条之间填充棕色，加强
编织物的立体效果。

07 刻画蓝绿色裤子，注意人体结构对裤子的影响，表现出体积感。

08 加强上衣的明暗对比，增加重色，让效果变得更强烈。然后深入刻画包包，画面中没有多少重色，因此包包需加强颜色对比。

09 仔细刻画鞋子，然后检查整体的画面效果，突出编织工艺和人物气质。

①编织条随形体结构的变化而出现蜿蜒曲折的变化。
②两根编织条交叉时需画清楚编条形状和层次，注意叠加顺序。

5.1.7 针织材质彩铅绘制技法

　　针织是通过织针把各种不同的纱线织成线圈，再经过串套连接成针织物的工艺过程。针织物质地松软，有良好的抗皱性与透气性，并有较大的延伸性与弹性，穿着舒适。在绘制过程中要刻画出针织材质的质感，注意笔法，时紧时松，写意与写实结合运用。

01 用自动铅笔绘制线稿，注意检查整体的造型和细节，尽量完美。

02 用彩铅勾线，注意线条的虚实和粗细变化，要有韵律感。

03 深入刻画面部五官及头发，将可爱乖乖女的形象气质表现出来。

04 给针织衫上色，先铺一层底色，笔触可以粗糙一点。

05 用柠檬黄彩铅分段绘制，在画的过程中长短笔触相间，身体两侧可以用土黄色彩铅稍加表现，体现出体积感。

06 在此基础上叠加棕色，然后在黄绿色中"飞溅"一些松动的笔触，让其更有针织的真实性。接着添加花纹点缀一下。

①首先要了解针织材质的特性。在铺底色的时候笔触可以松动、随意点。

②针织材质一般会有很多针法结合，包括色彩的混搭，因此在画的时候笔触松动一点，留点空隙以便于把后面的颜色叠加进去。

③画针织材质需要有一点写意的手法在里面，由于针织材质的肌理比较粗糙，因此需要随意一点去画。

④整个绘制的效果就如同心电图，要有跳跃性，用长短、粗细和轻重不一样的笔触去画，这样的效果更好。

07 在绘制编织拼接裙子时，注意颜色的衔接，流苏不用画得太过拘谨，可以稍微松动一点。

08 给包上色时，先把包的体积画出来，然后画上面的纹理，鞋子也是一样的画法。

5.1.8 镂空材质彩铅绘制技法

　　镂空材质一般比较薄、透，有孔洞，能够透出里面的衣服或者皮肤，给人一种神秘、性感的感觉。画镂空材质的时装效果图时，需要静下心来仔细绘制，同时要有耐心，因为每一个图案都会影响到画面的整体美观度。

01 绘制出人体动态。

02 在人体动态的基础上绘制出服装款式，然后用铅笔找准型，把镂空的花纹画出来，这个很重要。

03 用可塑橡皮擦虚线条，然后用棕色彩铅进行勾线，注意线条要虚实结合，注意里面的图案。

04 深入刻画头部，然后在露皮肤的地方绘制出皮肤色。接着在镂空里加一点棕色，加强对比度。最后用写意的手法勾画出鞋子和包，完成绘制。

5.1.9 皮草材质彩铅绘制技法

皮草在服装绘制中是难点，需要有一定的写意功力。羽毛能提升画面的表现力，用笔要灵活，笔触要飘逸。

◎ 皮革和皮草搭配绘制技法

01 绘制人体动态，形体要准确，注意人物的气质要与所表现的材质相符合。

02 用铅笔画出衣服的特征，毛也要画出来，就如同画头发一样。

03 选择与衣服颜色对应的彩铅进行勾线，注意线条的轻重和虚实变化。

①在绘制皮草时，如果没有很好的组织能力，最好用铅笔提前把毛的走向画出来，这样再用彩铅画的时候就不容易出错。

②在用彩铅画毛的时候可以稍微丰富一点，画得密集一点，这样更有利于上色。

③上色时要注意颜色和毛的线条区分，不要融在一起分不清，毛深一点，整体的效果会比较好。

04 深入刻画头部，然后根据毛的层次加深颜色，刻画时既要表现出毛的蓬松感，也要表现出毛的韵律感。

05 继续加深对比，同时深入刻画皮革裙和鞋子，裙子整体色调重一点，和上衣形成强烈的对比效果。

◎ 皮草混色绘制技法

在服装设计中会有多种样式的皮草组合在一起，下面为大家讲解具体的绘制方法。

01 认真观察人物的造型特征，并画好轮廓线，然后用彩铅根据相应的皮草颜色勾出毛的层次。

02 根据人物面部特征，深入刻画面部五官，表现出体积感。

03 从一种颜色的毛开始深入刻画，上色笔触要顺着毛的方向，排线之间不要有空隙。

04 采用同样的方法，深入刻画其他颜色的皮草质感。

05 底裙是白色的，需用灰色彩铅轻轻地画好褶皱、阴影和暗部等，然后根据裙子的起伏，画出图案的颜色。接着绘制鞋子，注意表现出体积感，最后完善画面，如眼镜框、帽绳等。

5.2 时装画水彩绘制技法的表现

水彩具有明快、鲜亮和薄透的特点，它使画面效果丰富多变，充满艺术性。在用水彩上色时，水色的结合、颜色的透明性和随机性以及肌理的变化都值得深入研究。水融色的干湿浓淡变化以及在纸上的渗透效果，使水彩时装画具有很强的表现力，并形成奇妙的节奏变化，产生清新、唯美和梦幻的视觉效果，与自然保持和谐灵动之美。这些构成了水彩时装画的个性特征，产生了不可替代的特殊性。

5.2.1 头部水彩绘制技法

和彩铅一样，在讲解不同材质和面料的绘制技法之前，先对头部的水彩绘制技法进行研究，希望大家能掌握其中的绘制技巧，如色彩层次、细节把握、整体关系和五官刻画等。

◎ 头部水彩绘制演示

01 用自动铅笔绘制出头部的形状特征，找型时多观察，多对比，找参考线，这样会画得更准。

02 将墨水调成灰色，用蒲公英小毛笔进行勾线。脸部轮廓线条要细，注意线条的轻重和虚实变化。

03 用浅浅的肉色把脸上的层次画好。对于这种大面积上色的情况，需先铺水，再上色，晕染的颜色才不会出现水痕。

04 加深脸部颜色，层次要做好，不能太重，可直接用第一遍底色的颜色加深，不能抢了五官的效果。

05 深入刻画眼睛，依次画眼影、眼线、睫毛和瞳孔，表现出眼睛的神韵。然后绘制鼻子，鼻子只需要用画皮肤的颜色刻画就行。

06 红色的嘴唇，先平铺，再画它的体积。调色不要过湿，同时要保证肉肉的质感。

07 给头发上色，用土黄色和赭石色调和后铺一层底　**08** 根据头发的层次，加深头发颜色，增强头发的体
色，注意偏土黄色。　积感，在原来的颜色上加一点褐色、赭石色。

09 给头饰加上颜色，表现出精致的感觉。绘制时颜　**10** 最后整体调整，检查画面，使其呈现出润润的
色要干，可以用水粉颜料上色，再在局部加一些点缀的　感觉。
笔触，与头饰形成呼应。不要忘了颈部蝴蝶结的颜色。

◎ 头部水彩绘制作品欣赏

5.2.2 纱材质水彩绘制技法

用水彩表现纱材质的时候，水彩颜色要调得较浅，这样才能画出纱比较透的感觉。水彩质感比较服贴，不会像彩铅那样有粗糙的感觉，在表现纱的时候会比较真实。

01 用自动铅笔画好衣服的形状，花朵不用画出来，纱的褶皱关系需要画出来。

02 不用勾线，直接上色，从头部开始，然后绘制衣服。先铺水，再上颜色，然后再晕染。在给衣服上色的时候要注意纱的通透性，褶皱一般都比较直，上完色后褶皱都需要找一下重色。

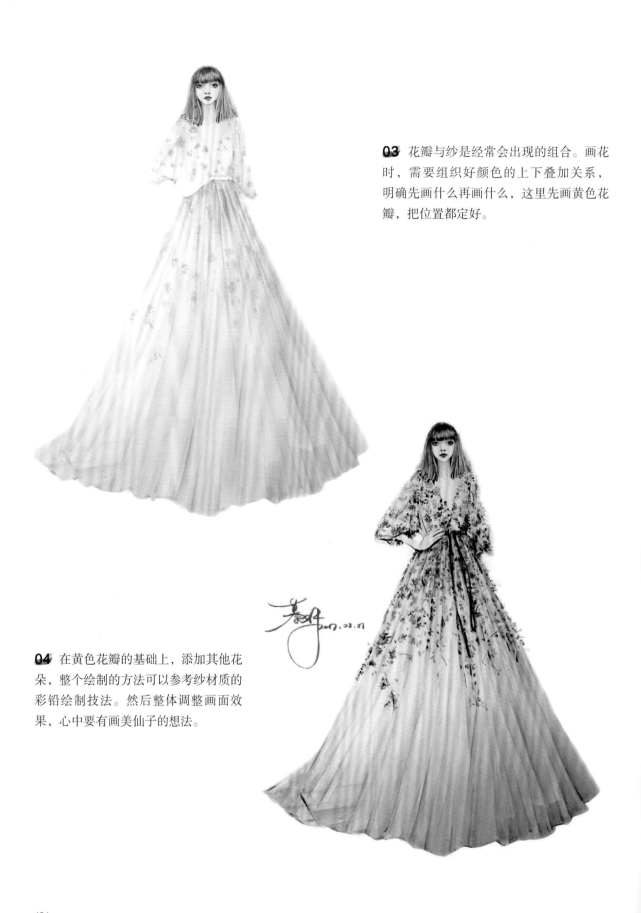

03 花瓣与纱是经常会出现的组合。画花时，需要组织好颜色的上下叠加关系，明确先画什么再画什么，这里先画黄色花瓣，把位置都定好。

04 在黄色花瓣的基础上，添加其他花朵，整个绘制的方法可以参考纱材质的彩铅绘制技法。然后整体调整画面效果，心中要有画美仙子的想法。

5.2.3 花卉图案水彩绘制技法

在花卉层次较多的布局情况下，可以运用国画写意技法，用摆笔触的方式表现花卉所在位置，描绘大致的意境，不需要太具象，初学者更易掌握这种方法。

01 用自动铅笔绘制出人体动态造型，注意结构和比例关系。

02 用自动铅笔画出衣服的形状，然后画出花型，画花时可以从一个局部开始慢慢扩散着画，条理更清晰。

03 用防水墨水勾出衣服的线稿，注意线条的虚实和轻重变化。

04 调制皮肤色（或者用大红色加水稀释），然后给所有的皮肤上色，颜色不宜过重，接着加强体积关系。

05 深入刻画面部五官，保持唯美的风格。在刻画五官的时候，尽量使用小号水彩笔进行精细的刻画，小号笔的笔毛小，蘸取的颜色和水分刚刚好，易于刻画五官。

06 头带可以采用写意技巧，用摆笔触的方式绘制，注意头发与发带衔接的位置。

07 在表现衣服的花卉时，先平铺一层黄色作为底色，注意涂色要均匀，水分不宜过多。

08 加深花心部位的颜色，调色时颜料多水分少，上色更有覆盖性。花心要深入刻画，表现出立体感。

09 采用同样的画法，画好玫红色的花。

10 叶子可以一半采用写实的画法，中间穿插一些写意的叶子笔触，虚实结合，更有韵律感，同时也不会画得太累。

11 用大笔触画包和鞋子，对比效果要强。然后整体检查，调整整体效果，直到满意为止。

5.2.4 蕾丝材质水彩绘制技法

用水彩绘制的蕾丝材质具有性感、朦胧的感觉，巧妙地使用上色技巧会给蕾丝材质效果图增添不一样的效果。

01 在画好线稿的基础上，深入刻画头部，画出人物的内心世界，表现出静静的、温柔的神情。

02 用红色加水稀释成肉色，调制出皮肤的颜色，然后深入刻画人物皮肤，表现出皮肤的质感。

03 蕾丝衬托在纱上，所以先把纱的层次画好，上色时要体现出纱的通透性，注意褶皱的表现。

04 为纱铺完底色后，在原有颜色的基础上加蓝色、紫色和黑色调和，加深褶皱，增强裙子体积感，然后用白色高光颜料画出蕾丝图案，绘制时一定要表现出精致的感觉。

①根据整个人物的气质，画头部时要表现出温柔、内敛的感觉，点到为止。
②在画蕾丝时，蕾丝图案应该大小相间，用精致的笔触与写意的方式结合表现，形成强烈的虚实对比，体现出蕾丝纱柔美的感觉。
③这种偏浅色的服饰效果图可以加背景，画背景时需要提前铺大量的清水，然后再画颜色，使晕染效果更加自然。背景色重于服装色彩。

5.2.5 格子面料水彩绘制技法

格子面料，无论是彩铅还是水彩都可以很好地表现其特征，只要把颜色画到位就可以。

01 用铅笔绘制出人体动态，然后画出服装款式，格纹的轮廓线要画好。

02 将防水墨水调成灰黑色，然后进行勾线，面部的勾线要细，颜色比身上的勾线浅一点。

03 深入刻画头部，塑造出精致的五官，注意表现出体积感及颜色的过渡，然后绘制皮肤色。

04 以平涂的技法用黄色绘制出横向的格子，注意颜色要饱满。

05 采用同样的方法，绘制竖向的条纹颜色，条纹交接的地方有重叠颜色块，需要交代清楚。

06 在格纹中间填上较深的蓝紫色，先调好基底色，再画上蓝色，注意颜色要涂抹均匀。

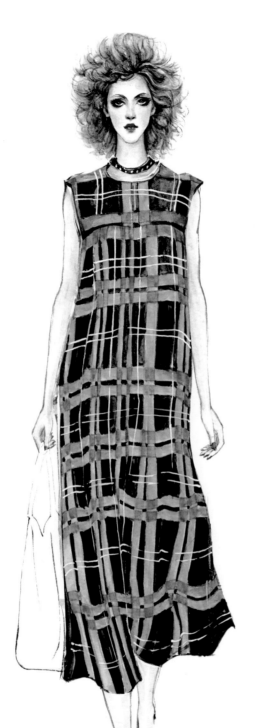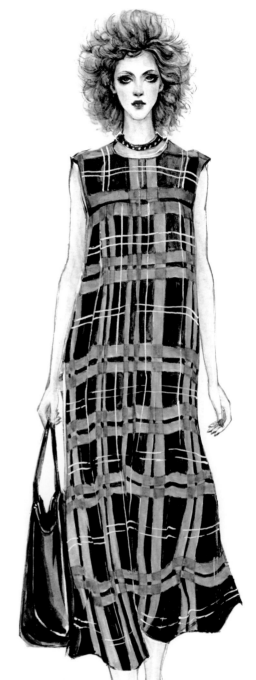

07 加深颜色，让对比效果更强烈，然后用高光笔画上白线，注意边缘的位置，细节要刻画到位。

08 绘制包和鞋的颜色，注意颜色搭配，然后调整整体的画面效果。

5.2.6 牛仔服材质水彩绘制技法

用水彩绘制牛仔面料可以表现出更加真实的质感，笔触也可以很丰富，在效果上比彩铅更润，比马克更细致。水彩适合于画出细致的、唯美点的牛仔材质效果。

01 用自动铅笔仔细画出人物动态和服装轮廓，注意人物神情。

02 深入刻画小孩的脸部，结构不要太明显，重点放在五官上。然后用土黄色加一点赭石色调和，用笔淡淡地直接画出头发微卷的感觉，靠近面部的头发稍微加深一点。接着调出饱和的红色，用大笔触画帽子，颜色未干之前再晕染一点深红色进去，让颜色自然融合。注意将边缘虚化，与面部形成对比，突出小孩可爱的感觉。

03 塑造牛仔质感。先铺一层浅蓝色，注意色彩要均匀，在色彩未干的情况下继续加深色彩，增强牛仔服的体积，表现出牛仔服的质感，然后用色彩较纯的颜色画出老虎图案。牛仔裤可以简化处理，与牛仔上衣形成呼应。

04 整体刻画完后，再次检查画面的效果，边缘的虚实都要画清楚。

①小孩的面部与成人相比显得小巧幼嫩，在绘制时要把握住小孩可爱的特点，面部塑造集中在五官上，脸部的皮肤尽可能层次简洁，体现出光滑的皮肤质感。
②绘制牛仔服需要了解其特性，牛仔服材质偏硬，表面有白色的布料纹理。在绘制时可以抓住这些特点，使用小勾线笔以排线的方法塑造牛仔的肌理效果，同时也要保证牛仔的微妙颜色变化，这是绘制时的难点，需耐心地反复做晕染，通过细微的颜色和笔触变化突显材质的真实性。
③在局部和边缘的地方，可以用一些松散的笔触，形成点、线、面结合的画面效果。

5.2.7 皮革材质水彩绘制技法

在服装设计中皮革一般会和毛搭配做成服饰，软硬结合。这种材质用水彩表现可以更加容易体现质感，更节省时间。

01 用铅笔绘制线稿，服装细节和人体结构要交代清楚。

02 在线稿的基础上用防水墨水勾线，注意线条的轻重和虚实变化。可以参考国画工笔白描手法。

03 深入刻画头部。虽然墨镜遮住了眼睛，但还是要仔细绘制，如果是半透明墨镜，需要先塑造好眼睛再在表面加上眼镜。

04 在绘制黑色的皮草时，可以在已经有毛的情况下，先浅浅上一层颜色，然后根据毛的层次依次加深颜色。

05 继续加深毛的暗部，表现出体积感。

06 绘制皮革时要控制好每个面的转折，注意高光的形状，同时颜色要深下去，还要保证深色里有变化。

07 在绘制纱裙时要找好几个转折面，然后铺一层浅灰色。对于这种大面积的颜色，在上色前先铺水，再上色，这样不容易出水渍。

08 加深纱裙的颜色，增强体积感，然后塑造鞋子，要有层次关系地加深，与整体色调协调搭配，接着再次调整皮革的质感。

09 整体调整画面，并检查细节，完成绘制。

5.2.8 皮草材质水彩绘制技法

皮草给人柔软、温暖和舒服的感觉,同时这种材质的衣服还带有一点霸气。在绘制时要表现出皮草的质感,同时人物动态的选择也很重要。在用水彩绘制的时候,要用刚柔并济的笔触表现,这给手绘增添更多的魅力。

01 用自动铅笔绘制出人物和服装的线稿,并多检查几遍,保证画面的完整性。

02 进行勾线,黑色的皮草就用黑色的防水墨水勾,皮肤在这里换一种方式表现,用对应的棕色水彩颜料勾,里面稍微加一点墨水,防止晕染。然后深入刻画头部,头部色彩主要集中在五官。接着深入刻画头发丝,颜色饱和一点,用小笔触分组画出头发的质感。

03 给皮草加上颜色,先浅后深,根据毛发的生长规律绘制,注意在适当的位置留白,这可以让画面的节奏感更强。然后深入刻画细节,大面积塑造整个皮草的体积后,可以用小毛笔刻画一些细腻的笔触。接着画出鞋子。

04 用大笔触刻画皮裙，不用特别深入刻画，采用写意的方式表现，与整个皮草的细致表现形成对比。然后整体检查，特别是头部与皮草的边缘，这些细节很多学员会忽略掉。

5.2.9 流苏材质水彩绘制技法

　　流苏是一种下垂的以五彩羽毛或丝线等制成的穗子，常用于舞台服装的裙边、下摆等处。流苏以前常在头饰上出现，后来慢慢演变到服装上作为装饰，在作为服装材质表现时，笔触可以写意一点。

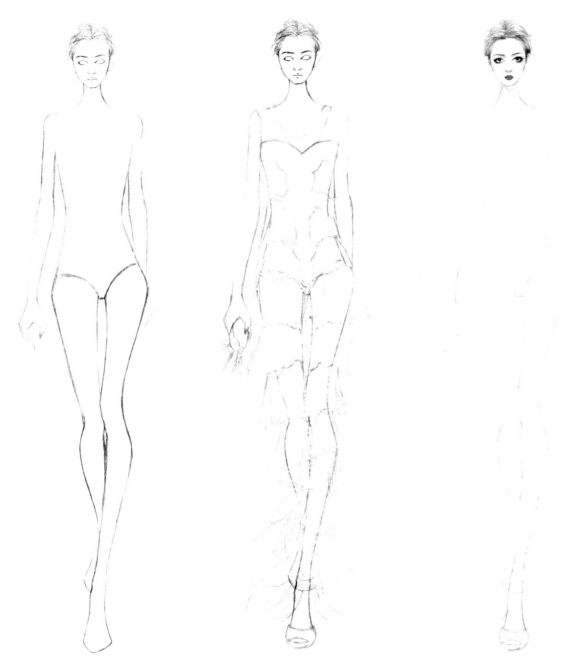

01 用铅笔绘制出人体动态，注意结构和比例。

02 画出衣服的廓形及细节，流苏可以稍微带几笔简单的线条。

03 不用防水墨水勾线，而是直接刻画。深入塑造头部，注意五官的结构和颜色层次关系，表现出体积感。

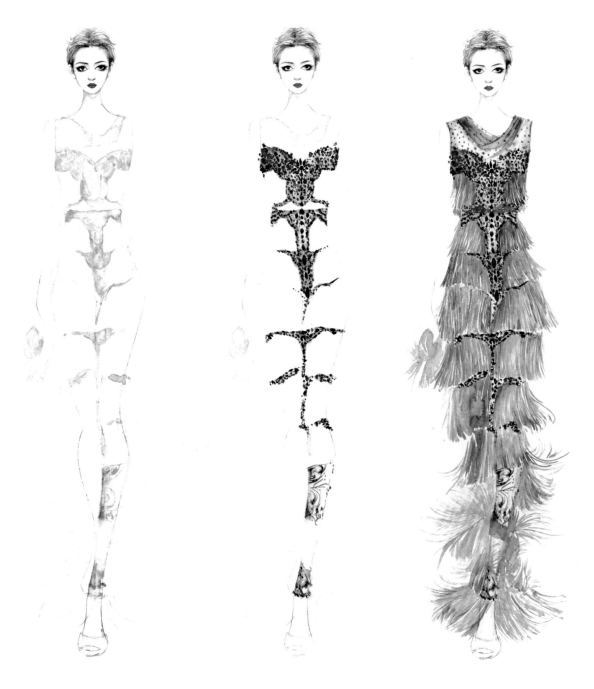

04 塑造身上的衣服，先表现出中间串珠及钻饰的效果，采用平铺的方式绘制底色。

05 加深层次，强调钻石的对比效果，用点的笔触方式表现高光。

06 上身的纱虽然面积小，但也要表现出轻柔、通透的感觉，然后画一些点，大小要不一样。接下来绘制最重要的流苏，先浅浅地铺一层颜色，注意画面的节奏感，上身紧凑，下身飘逸。

07 调一个稍深的颜色，加深层次对比，然后适当地加一点黑色。

08 继续加深颜色，注意腿上的蕾丝图案刻画。

09 绘制鞋子的颜色，然后画出包的细节，接着整体调整画面，直到完美为止。

5.3 时装画马克笔绘制技法的表现

用马克笔绘制时装画比较方便、快捷，多用于简单明了的时装画草图。马克笔分为油性和水性两种：油性马克笔色彩浓郁，可以画在特殊材质上；水性马克笔的绘画效果类似淡彩，但易干，叠加处有笔痕，在绘制时要控制好速度，通过笔头侧、平、转、立等不同的方式来表现出不同的线条，进而表现出不同的视觉效果。

用马克笔表现时装画，最关键的是勾线，其次就是颜色的准备，二者缺一不可。有很多学员的马克笔只有几十只，过渡色太少，这样很难画好，画出来的颜色会很难看。

5.3.1 牛仔服材质马克笔绘制技法

用马克笔表现牛仔材质时，最重要的是找准颜色（蓝色系），这个很关键，其次就是笔触的运用，要干净利落，同时还要把握住牛仔的细节特征，如缝纫线等。

◎ 牛仔套装马克笔绘制技法

01 用自动铅笔绘制出线稿。

02 用针管笔和中字毛笔勾线，注意线条的轻重和虚实变化。

03 用Coplic 000号马克笔绘制皮肤底色，然后用Coplic YR00号马克笔加一遍层次。绘制时马克笔的宽头和细头结合使用。

04 深入刻画头部，眉毛和五官的一些细节可以用纤维笔画。然后对身上的皮肤继续加强层次关系。

05 根据层次关系绘制头发的颜色，线条细节可以用纤维笔绘制。然后在蓝色系里找一只浅色马克笔绘制牛仔面料的底色，笔触和颜色要均匀。

06 选择深一号颜色的马克笔继续加深层次关系，拉开明暗层次对比。

07 包和饰品可以选择鲜艳一点的颜色，与衣服形成对比，拉开效果。

08 深入刻画长筒靴，先用纤维笔画鞋带，然后画侧面的纹理，接着整体调整画面，可以加高光笔触，包括一些其他的线条，丰富整个画面，营造氛围。

◎ 牛仔与其他材质混合马克笔绘制技法

当牛仔材质和其他材质混合表现的时候，牛仔材质的表现一定要和其他材质区分开，笔触上也要稍微区分一下。绘制完成后可以加一点背景，让画面看起来更加的丰富。该案例是用普通马克笔做的效果，大家也可以买宽头的马克笔做，效果会更好。

01 用铅笔绘制出人物动态和服装廓形，然后用笔勾一遍线条。

02 先给皮肤上色，然后深入刻画五官和面部的层次，眼睛处先画眼睛再画墨镜。

03 短绒材质的上衣分3步进行刻画，先铺一层浅的底色。

04 加深衣服的层次，注意转折面 的表现。

05 继续加强对比，完善上衣的装饰 细节，注意表现出上衣的体积效果。

06 在绘制牛仔裤时，先选一个较 浅的颜色铺一层底色，把面找好。

07 丰富牛仔的转折面并进行深入刻画，然后用白色高光笔画一些高光，增强画面效果。

08 绘制出鞋子，然后整体检查并调整画面。

5.3.2 皮草材质马克笔绘制技法

在用马克笔表现时装画的时候，皮草这种带毛的质感是比较好表现的，而且很容易表现出韵律感。

01 用铅笔绘制出人物动态，然后轻轻画出衣服的形状。

02 用针管笔和中字毛笔勾线，要有粗细变化。

03 深入刻画面部五官，脸上颜色尽量清透一点，颜色主要集中在五官上。

04 先画出红色毛的颜色。选一只颜色较浅的红色马克笔铺一层底色，注意顺着毛的走势绘制。

05 加深颜色，在用马克笔加深层次时，上一层的颜色应保留一部分，这样会更有层次感。

06 采用同样的方法绘制玫红色的皮草，并塑造质感，边缘的位置可以飞溅一些小笔触，加强画面的韵律感。

07 在原有的基础上给皮草加上一些重色和高光色，增强对比。　**08** 连衣裙用大笔触画好底色，表现出体积感。　**09** 采用由浅到深的顺序画上枝蔓叶子，并做好细节的处理。

11 检查并整体调整画面，完成绘制。

10 用大笔触绘制鞋子的颜色，注意颜
色要和整体色调协调。

5.3.3 纱材质马克笔绘制技法

　　在用马克笔绘制纱的时候，要掌握好笔触。在上色时，要控制好色块与色块之间的衔接，避免笔触出现"花"的问题。

01 用铅笔绘制出线稿，然后用针管笔和中字毛笔勾线。

02 用Coplic E000和Coplic R000号马克笔绘制皮肤底色。

03 深入刻画头部。在用马克笔刻画头部时一定要细致，可以稍微画慢点。然后加深皮肤的层次。

04 绘制渐变色裙子。先画玫红色部分，注意根据褶皱控制好笔触的大小。

05 刻画蓝色部分，要与白色形成过渡，亮色重叠的地方可以用浅色过渡。

06 绘制包和鞋子的颜色，然后整体调整画面对比效果，加强画面层次，包括边缘和细节。

5.3.4 蕾丝材质马克笔绘制技法

在用马克笔绘制蕾丝时，需要注意笔触感的把握，注意线条的粗细变化。

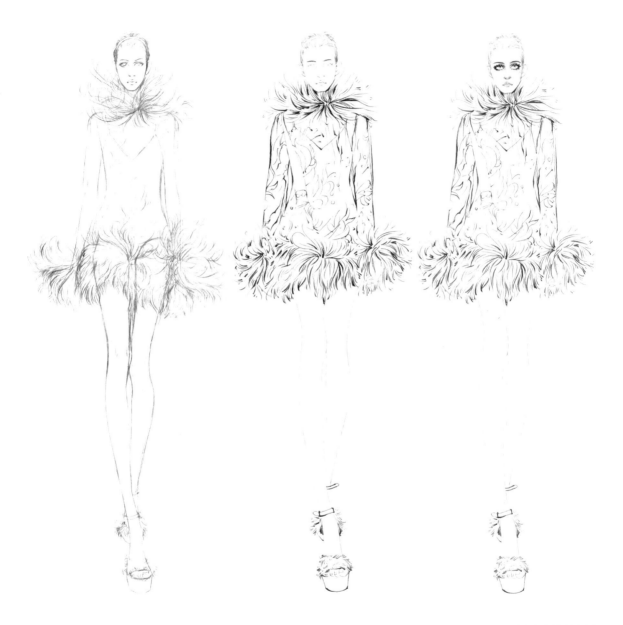

01 用铅笔绘制人物动态，形体一定要准确，动态要美，然后绘制出服装款式。

02 用针管笔和中字毛笔勾线，线条要有轻重和虚实变化。

03 用Coplic E000号马克笔绘制皮肤的底色，不要来回涂色，笔触尽量干净利落。然后深入刻画面部，塑造好五官的特征和体积感。

04 在给蕾丝纱上色的时候，先涂一遍底色，表现出体积和层次关系，然后用稍微深一号的颜色画出打底衫的层次，注意空出花纹的区域。

05 用对应的软头纤维笔画出蕾丝花纹图案，笔触要有韵律感。然后画出毛的底色，稍微留点白色空隙。

06 选择比绘制毛底色
深一号的马克笔，加深
颜色层次，注意将细节
刻画到位。

07 用大笔触以块面的
方式深入塑造鞋子，然后
整体检查和调整画面。

5.3.5 图案拼接效果马克笔绘制技法

　　该案例的图案颜色比较鲜艳，给人充满活力和比较奔放的感觉，在用马克笔表现时要注意色彩的搭配和笔触的控制，不要使颜色出现"脏"的问题。

01 用铅笔绘制出走动的姿态，然后画出服装的轮廓，接着用吴竹中号毛笔和棕褐色针管笔进行勾线。

02 绘制出皮肤的底色，笔触要干净利落，注意颜色的深浅变化。

03 深入刻画头部，绘制出精致的五官，绘制头发时注意颜色的深浅变化，表现出体积感。然后画出皮肤的暗部，体现出层次。

04 绘制大面积区域的图案，一个色系一个色系的画，笔触要干脆，注意颜色的过渡变化。

05 依次完成其他颜色，画面要有一定的组织关系，有虚实对比效果。大笔触、线条和点结合运用，形成上下呼应的感觉。

06 采用同样的方法用大笔触绘制靴子，笔触间留出高光点，笔触要干净利落，不要来回涂抹。然后用纤维笔和针管笔增加一些细节，特别是加上一些重色，增强画面的效果。

5.3.6 流苏材质马克笔绘制技法

在用马克笔绘制流苏材质时,需要用到针管笔、纤维笔和马克笔的细头,用偏细一点的笔触能表现出流苏飘逸的质感。

01 用铅笔绘制出人体,然后在人体上画出衣服,流苏也要大概表现出来。

02 用吴竹中号毛笔和棕褐色针管笔勾线,流苏条不用全勾,大概勾一下摆动的趋势就可以。

03 绘制皮肤底色，颜色要均匀。

04 深入刻画头部，头饰可以稍微
画得夸张一点。

05 绘制流苏编条。先画蓝色的部分，
上身的线条严谨，下身的线条飘逸。

06 用同样的方法画出绿色部分的流苏
条，在下摆底端，可以加点小笔触作为
点缀。

07 加上黑色的笔触，增强画面的效果，注意笔触要有大有小，与流苏线条形成呼应。

08 绘制出鞋子的颜色，然后整体检查，并用白色高光笔提一下高光线条，增强画面透气的效果。

5.3.7 太空棉材质马克笔绘制技法

太空棉材质会比较硬一点，蓬松一点，在用马克笔绘制时要把握好笔触的运用。

01 用铅笔绘制出人物动态和服装廓形。

02 用吴竹中号毛笔和棕褐色针管笔勾线，线条要有轻重虚实变化。

03 用Coplic E000号马克笔绘制皮肤底色，注意笔触要均匀，然后深入刻画头部，塑造出精致的五官。

04 绘制黑色棉衣布料。先用灰黑色马克笔排线组成面，笔触要干脆利落，这样有助于更好地表达质感。

05 加深层次，拉开黑白对比效果。　　　　**06** 用小笔刻画细节。

07 采用同样的方法绘制黄色部分，先铺一层浅色打底。

08 选比底色深一号的颜色加深层次，主要是褶皱部位，然后用高光笔点缀高光，增加细节。

09 用大笔触刻画裤子和鞋子，然后整体检查，并调整画面，边缘可以点缀一些小笔触，形成呼应。

5.3.8 多种材质混合的马克笔绘制技法

01 根据模特动态及服饰特点绘制出线稿。

02 用吴竹中号毛笔以粗细变化的线条对服装进行勾线，然后用0.05号棕褐色针管笔对皮肤进行勾线，头发可以用吴竹细字毛笔勾勒。

03 在线稿勾完后，深入塑造面部的神情和特征。眼睛部位可用偏酱红色的马克笔深入刻画，突出中心；头发可直接用灰色马克笔晕染一遍底色，注意保留头发的通透性。

04 在绘制偏薄的衬衫面料时,笔触要硬朗一点,用偏淡的颜色进行刻画。

05 接下来绘制皮革裙,其颜色与笔触都要与衬衫形成强烈的对比。先根据衣服的起伏用浅色来表现。

06 依次在上面加深颜色,笔触可通过提、转、点、拉等笔法来深入刻画皮革的质感。

08 用大笔触快速表现包包的效果，不易特别深入，面面俱到，保持整体画面的完整性即可。然后检查整体画面，调整边缘等细节。

07 绘制条纹裤子。先用灰色刻画好裤子的体积和明暗关系，然后用黑色针管笔细致地画出条纹，对于一般的图案材质都可以这样去表现。然后绘制出包的底色和鞋子的颜色。

06

高级定制礼服
绘制技法

高级定制礼服都很漂亮,层次丰富,装饰华丽,廓形和颜色十分美丽。高级定制礼服是一对一的,是设计师给专属人群特别打造的,每一件高级定制礼服都可以说是艺术品。在时装画学习中,高级定制礼服是很不错的参考素材,学习绘制高级定制礼服不仅可以锻炼时装画的绘制能力,还能提升设计师的审美能力。绘制高级定制礼服,需要在复杂的层次中理清头绪,并根据不同礼服体现出来的气质使用不同的绘制技法,这是时装画学习者向更高层次进阶需要学习的内容。

6.1 纱材质高级定制礼服绘制技法

　　纱材质的礼服造型有体量感较大、里面加了裙撑的，也有随身小体量感的。绘制时需特别注意的是底色的晕染，其次是细节和笔触的运用。

01 在专业的水彩纸上用铅笔绘制出人体动态，然后在人体的基础上绘制出服装款式。

02 线稿检查无误后，用蒲公英小毛笔以轻重变化的线条对整体进行勾线，然后擦掉铅笔稿。

03 从头部开始上色，用大红色和水调和后，给皮肤浅浅地上一层颜色，注意表现出明暗关系。

04 根据前面所学的知识，深入刻画头部。在绘制衣服的时候，特别是黑色的衣服，在铺底色时可以在黑色里加一点点深蓝色或者墨绿色，这样铺上的颜色不会显得脏。

05 绘制表面的羽毛印花图案，先浅后深，图案可以写意一点，一笔成型，随褶皱起伏而变化。然后绘制出颈部饰品和鞋子的底色。

06 完善颈部饰品、腰带和鞋子的细节。然后整体调整画面效果，可以适当地点缀一些笔触。对于这种材质的礼服，笔触运用要细腻与利落相间，以便达到更好的效果。

6.2 丝绒材质高级定制礼服绘制技法

丝绒材质在时装画绘制中算是比较难的，其晕染上色比较复杂，一定要有耐心，掌握好水分、晕染和洗色的过程，在绘制时需要体现出丝绒强烈的明暗对比以及毛茸茸的质感。

01 先观察模特的服饰特点，然后用0.3号自动铅笔准确画出人体动态。

02 根据人体画出头部和衣服的轮廓，然后用可塑橡皮擦虚线条，接着用小勾线毛笔以轻重变化的线条进行勾线。丝绒的褶皱勾线的颜色可以浅一点，这样上颜色时才能被覆盖住。

03 采用前面所学的绘画方法和调色技巧，深入刻画面部五官与头发，然后绘制出皮肤的颜色。丝绒是比较优雅的，所以在绘制头发时可以长点、飘逸点。

04 对于深颜色的衣服，在铺底色时可以用大号水彩笔先铺水再画颜色，颜色可以浅一点，一定要均匀。

05 深入刻画服装材质和体积。上完一遍底色后，再往亮部过渡，然后用清水笔不断地清洗高光部分的颜色，采用这种反复上色、洗色的方法绘制。最后加深颜色时，水分可以控制得少点，颜色上完干了后不容易变浅。

6.3 亮片材质高级定制礼服绘制技法

　　将亮片运用在礼服设计中,会给人一种贵气、华丽的感觉。绘制时要控制好亮片的使用分寸,亮片闪粉与手绘结合可以增加画面的视觉效果,因此已越来越多地被时装手绘爱好者们所用,它往往会给画面带来不一样的效果。

01 用自动铅笔绘制出人体动态。

02 在人体的基础上绘制出衣服的廓形及细节,调整好整个造型轮廓。

03 调制皮肤色,水分可以多一点,然后快速给皮肤上色,趁颜色未干时加深颜色,塑造出皮肤的体积感。

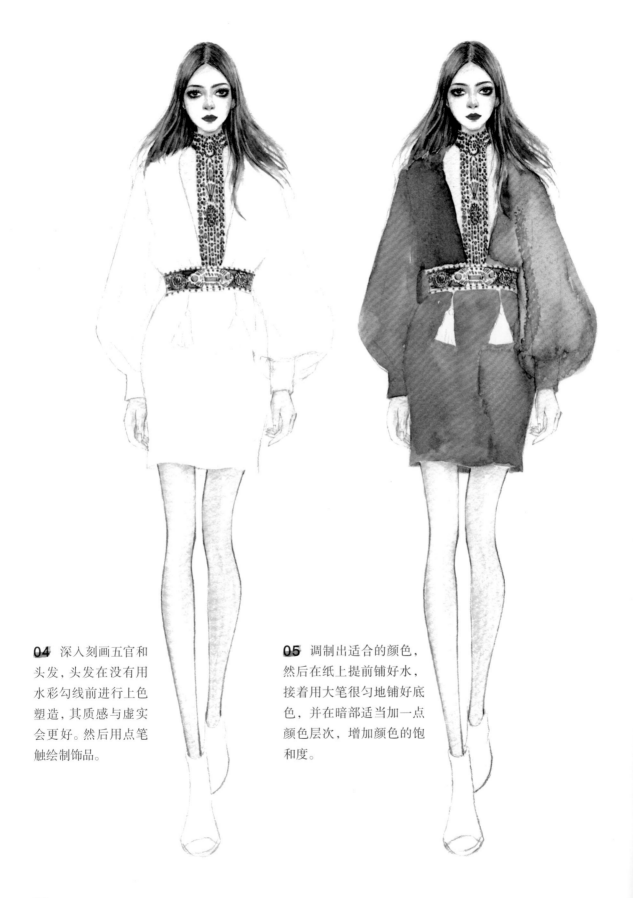

04 深入刻画五官和头发，头发在没有用水彩勾线前进行上色塑造，其质感与虚实会更好。然后用点笔触绘制饰品。

05 调制出适合的颜色，然后在纸上提前铺好水，接着用大笔很匀地铺好底色，并在暗部适当加一点颜色层次，增加颜色的饱和度。

07 在衣服上先铺一层胶水，然后将亮片和闪粉洒在衣服上，表现出闪亮的画面效果。接着画出鞋子的颜色。最后整体检查画面，等胶水干透后检查闪粉亮片是否会掉落。

06 在原来的颜色基础上将颜色调得再深一点，颜色可以调得多一点，然后根据体积关系加深衣服的层次。

6.4 钉珠材质高级定制礼服绘制技法

钉珠和亮片一样，是华丽型礼服常用的元素，钉珠可以再造出很多的肌理效果。在绘制这种材质的时候，需要有耐心和细心，这样才能画出优美的作品。

02 从头部开始深入刻画，画五官时要细心一点，可使用小号水彩笔刻画，有助于画清楚五官的神情与细节。

01 完成线稿的绘制后，用水彩勾线笔细心地勾勒服装的线稿轮廓，线条要有轻重变化，并且要干净、流畅。然后淡淡地铺一层底色。

04 用小勾线笔调比较干的颜色,画出钉珠的特征,通过线条和点来装饰衣服,增强衣服的层次感。

03 钉珠的下面是纱裙,所以先绘制出衣服的颜色,在透的地方可以把颜色画得薄一点。

05 钉珠画完后，可以在裙子的边缘画一些甩出去的线条，以增强画面的灵活性。然后点上高光，同时在衣服上面扫一点闪粉以增强画面效果。

6.5 婚纱高级定制礼服绘制技法

大多数婚纱是白色的，非常美丽，非常优雅，是每个女孩都梦寐以求的服装。婚纱虽然好看，但却很难表现好，如果想更真实地体现出那种"仙"的味道，使用水彩更为妥当。

01 在时装画绘制中，服装盖住人体的部分可以不用画完整，这在一定程度上可以节省笔墨和时间。在本案例绘制的时候，可以只画上身部分，不用画腿部。

02 在人体的基础上画出婚纱裙摆的形态，可以稍微夸张一点，裙摆部分稍微画得大一点，这有助于突出上身的娇小。

03 为了更好地表现出白色的裙纱，可以先铺一个深色背景，以突出白色的质感，这样有利于浅色服装的塑造与上色。在其他浅色服装绘制中也可以像这样，先铺一个背景，营造氛围。

04 上身的衣服有一些薄透的感觉，所以先给皮肤上色，在上色时要考虑到表面有纱的上衣。皮肤的颜色不宜过深，也不宜过浅，并在绘制衣服之前把皮肤的体积感画好。

05 深入刻画面部。穿婚纱的人一定要美，在画面部时，需要细心地画出人物的内心世界，眉眼间突显出人物的文雅与美丽。在上色时需要用干净利落的笔触，画头发时颜色先浅后深，可以在头发的边缘加一些白色笔触，衬托头发飘逸的感觉。

06 给白色的婚纱铺底色，在白色上画阴影，色系偏蓝紫色、蓝绿色为好，会显得白色更白。纱的褶皱偏硬朗一点，在上色时不用过渡得太柔和。

07 深入塑造。继续加颜色，塑造衣服的层次，在边缘可以用白色高光墨水画一点饱和度低一些的白色纱，衬托出裙摆的层次效果，然后在表面用高光墨水画一些白色羽毛等装饰笔触。

08 整体调整画面，增加一些细节，如服装边缘的笔触。服装与背景等的关系都要调整好。

6.6 创意高级定制礼服绘制技法

　　创意礼服在舞台表演、比赛等场合中出现得比较多，它给人视觉上更多的冲击感，廓形上会更加夸张。在绘制时，需要根据服装的气质，画出相应的人体动态，再搭配符合人物情景的场景，就像是在讲述一个故事，这是手绘的一种境界，是手绘学习者应该去思考的地方。

01 看到创作的主题后，需要想象一下什么样的动态符合当前的人物设定，然后准确地画出人物的动态。

02 在人体的基础上画出服装的轮廓，注意坐姿时羽毛在身体上的起伏状态，画羽毛的时候要注意羽毛的大小、疏密以及层次感。

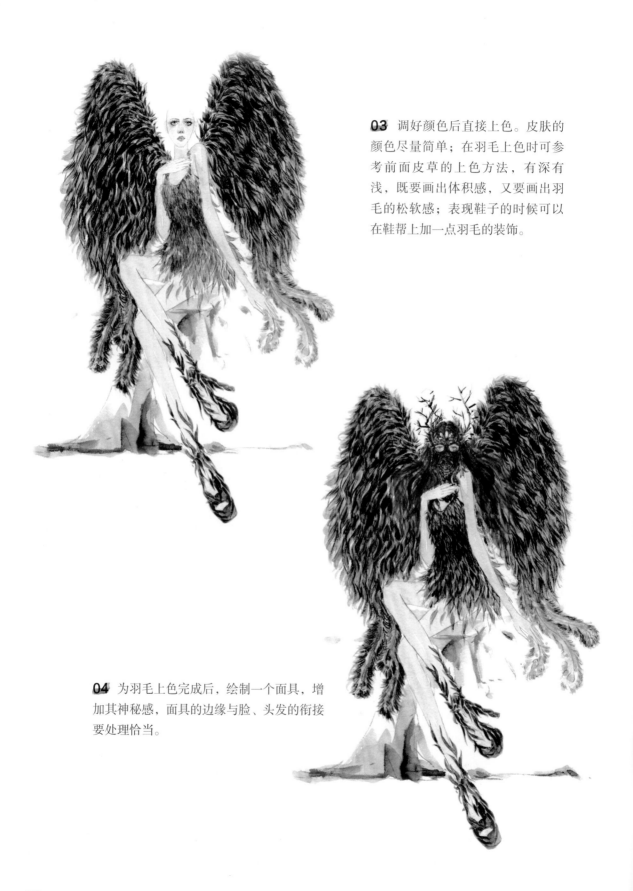

03 调好颜色后直接上色。皮肤的颜色尽量简单；在羽毛上色时可参考前面皮草的上色方法，有深有浅，既要画出体积感，又要画出羽毛的松软感；表现鞋子的时候可以在鞋帮上加一点羽毛的装饰。

04 为羽毛上色完成后，绘制一个面具，增加其神秘感，面具的边缘与脸、头发的衔接要处理恰当。

07

影视人物
服饰绘制技法

大家生活中接触较多的可能是时尚类、T台类的服装，但影视服装造型设计也是服装设计中的一种。影视类服装就是在电影、电视剧中演员穿着的服装，这种服装的设计需要考虑的因素很多，如时间、地点、人物和事件等，对设计师手绘能力和设计思维的要求更高，需要多查阅历史资料，了解各朝代的服饰特点，才能更好地掌握。随着电影、电视的蓬勃发展，学好影视人物设计绘图，将更加有利于自我的发展。

7.1 人体与着装线稿技法分析

　　在画影视人物设计时，同样需要先对人体知识进行全面的掌握。影视人物的人体基本动作形态与时装类人体没有太大区别，只是在比例上更偏向真实人的身高，不会有时装画人体那么夸张，其绘制技法和前面所学的技法一样。以下是人体线稿的欣赏。

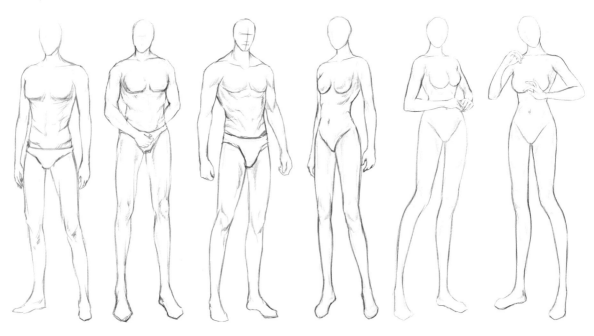

　　在绘制线稿时需要将细节表现清楚，根据服装所要阐述的角色来定衣服的体量，线稿的绘制要更严格一点。

　　在线稿的绘制中，线条和细节要表达清楚，这样上色时才能更加容易表现出衣服的质感，衬托出人物的内心世界。

7.2 春秋战国服饰效果图技法分析

春秋战国时期的服饰属于汉服，是传统服饰中的一种，用麻类的面料较多，衣服款式以袍、裤较多。

02 可以不用勾线，直接从面部开始上色，表现出男性的面部特征，注意眉毛是刀子眉。

01 绘制出线稿，人物动态要符合当前的人物设定。

03 给衣服上色，先从深色的衣服开始画。古装的衣服层次和配饰较多，在画的时候需要找好顺序，这样画出来的服装层次和细节才会更加清楚明了。

04 前面是编织类的面料，在画的时候可以用画竖条的方式表现，笔触稍微松动一点。

05 绘制编织面料上的其他颜色，然后用大笔触画出护腕，接着画出皮带装饰的颜色，表现其质感，注意将物件边缘的位置交代清楚。

06 裤子的面积较小，可以用大笔触浅浅地画出颜色，体现出宽松薄软的质感。

07 在给胯两侧的裙片铺色时，颜色应该清透一点，体现出纱薄透的感觉，然后点缀一些花纹装饰。接着画出鞋子的颜色。最后整体调整人物的颜色和服装细节，使整个人物设定形象更加还原。

7.3 秦朝服饰效果图技法分析

　　在日常生活中，秦朝的男女服饰形制差别不太大，基本是大襟窄袖，不同之处是男子的腰间系有革带，而妇女腰间只以丝带系扎。朝官和富人的服饰，袖子有大小之分，面料有好坏之分，在设计、绘制时需要掌握相关的知识点。

01 本案例示范的是一位老者，根据人物设定画出线稿，表现出老者端详的形象特征。

02 画影视人物时，不用勾线，直接上色即可，这样会显得更加柔和。皮肤偏棕红色，老者脸上的皱纹和胡须表现都要恰到好处，头发需根据发髻的走向仔细绘制。

03 给衣服上色，从里往外上色，面积小的部分可以调好颜色后一笔成型，裙子要画出褶皱感。

04 给外袍上色。先调一个色调灰一点的黄色，然后在纸上铺好水，接着用大笔触快速铺上颜色。遇到表面有花纹的服饰都可以这样处理。

06 外坎儿和袍子是一个色系，在上色时一定要区分开色彩的倾向和明暗关系，在材质表现上也要区分开。

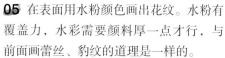

05 在表面用水粉颜色画出花纹。水粉有覆盖力，水彩需要颜料厚一点才行，与前面画蕾丝、豹纹的道理是一样的。

07 绘制衣边和花纹。先铺底色，然后绘制花纹，图案需要画清楚。

08 完善腰间的革带、配饰及鞋子的绘制，然后整体调整画面的关系，检查有没有遗漏的地方。

7.4 汉朝服饰效果图技法分析

汉服具备独特的形式，其基本特征是交领、右衽、系带和宽袖，又以盘领、直领等为其有益补充。男子常见的服装有礼服、冕冠服、长冠服、委貌冠服、皮弁冠服和朝服等；女子常见的服装有庙服、蚕服和朝服等。

01 用铅笔绘制出人体动态和服装款式，注意拖尾在地上的透视关系。

02 用彩色纤维笔根据不同的服饰颜色勾出相应的线条，头发也用纤维笔勾线。然后用棕褐色针管笔对五官和面部勾线，注意线条要流畅。

03 根据人物角色画出面部神情。用Coplic E000、Coplic YR00、Coplic E35和Coplic E21号马克笔绘制面部皮肤和五官，五官的一些细节部位可以用纤维笔绘制，然后用棕色马克笔有层次地塑造出头发的体积感。

04 用相应颜色的马克笔快速画出底袍露出来的部分和腰封。

05 画出蓝色的边，颜色可以稍微饱和一点，与其他面料材质形成对比。

06 绘制带花纹的外袍时，先铺上服饰的固有颜色，注意画出相应的体积感。

07 用软头彩色针管笔画出衣服表面的花纹，绘制花纹时要有大小之分，不要太规整，这是绘制带刺绣花纹服饰的古装时需注意的地方。

7.5 唐朝服饰效果图技法分析

　　唐朝常见的服装有公服、圆领袍、半臂、衫裙和帔等；装饰有幞头、巾子、鹖冠和革带等；布料有蜀锦、绫、罗和夏布等。

　　唐朝在服装款式、色彩、图案等方面都呈现出前所未有的崭新局面，而这一时期的女子服饰，可谓中国服装中精彩的篇章之一，其冠服之丰美华丽，妆饰之奇异纷繁，令人目不暇接。

02 用黑色吴竹细字毛笔勾勒出服装的轮廓线，线条要有轻重虚实变化，然后用棕褐色针管笔勾出皮肤的轮廓线。

01 唐朝宫廷服饰，一般层次多，袖子大，刺绣华丽。因此在绘制时要用铅笔线条画清楚衣服的层次，表现出服饰呈现的状态。

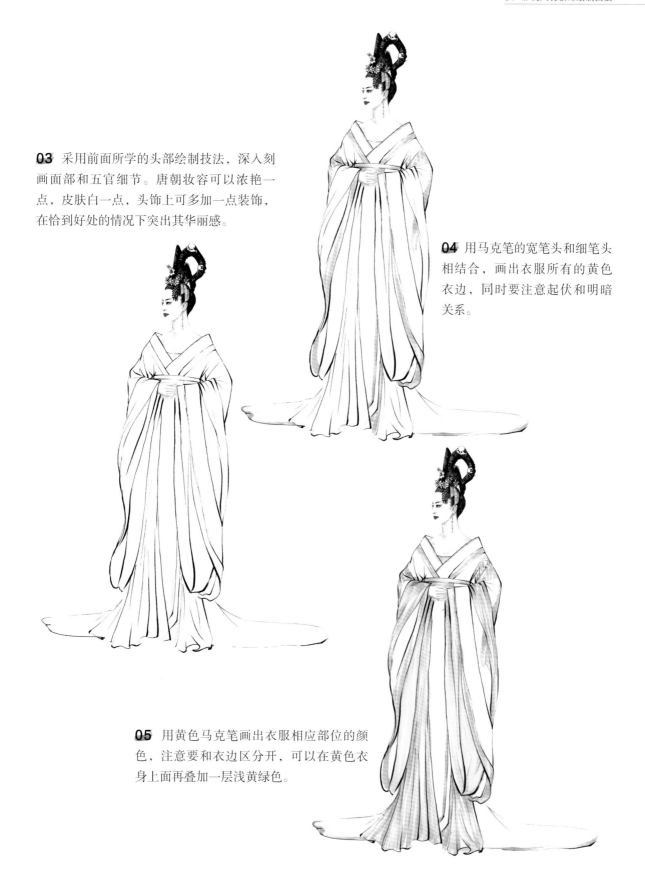

03 采用前面所学的头部绘制技法，深入刻画面部和五官细节。唐朝妆容可以浓艳一点，皮肤白一点，头饰上可多加一点装饰，在恰到好处的情况下突出其华丽感。

04 用马克笔的宽笔头和细笔头相结合，画出衣服所有的黄色衣边，同时要注意起伏和明暗关系。

05 用黄色马克笔画出衣服相应部位的颜色，注意要和衣边区分开，可以在黄色衣身上面再叠加一层浅黄绿色。

07 用软头针管笔画出服装上的刺绣花纹，然后整体检查画面的关系。

06 画出外袍蓝色部分的颜色。先用浅色马克笔铺底色，然后用稍微深一点的蓝色表现出体积感和层次感。

7.6 清朝服饰效果图技法分析

清朝男子服装主要有袍服、褂、袄、衫和裤等；清朝妇女服饰主要有凤冠、霞帔、披风、袄裙和坎肩等。在绘制清朝服饰时需要注意服饰上的花纹、衣襟、衣边和帽饰的特点。

01 清朝服饰，特别是宫廷服饰，在外形上不会太复杂，在绘制线稿的时候，需要画清楚花纹的形状细节和衣边的宽窄等。然后画出皮肤的颜色，注意颜色的过渡和深浅变化。可以捎带画出嘴唇的颜色。

02 深入刻画人物面部神情。在绘制这种清新的妆容时可以先画眼线，再晕染周围的颜色，嘴巴的高光处用清水笔洗出亮色。

05 采用同样的方法继续画下身的水纹，根据衣服的起伏画出明暗效果。金色花纹上完后，在空隙处填上黑色，突显出花纹的效果。

03 在绘制帽子的时候有两种方法：一种方法是上色时先把有饰品的位置空出来，铺上黑色后再画饰品的颜色；另一种方法是先全部铺上黑色，然后用水粉颜料画金色的花纹。

04 给衣服上色。先用小水彩笔给花纹上色，颜色要均匀，细节要画清楚。在线稿的框里直接填色就可以，不仅效果好还不会杂乱。

06 调一个鲜艳一点的红色，绘制出衣服的底色。然后在红色中加点绿色将颜色变深，绘制衣服的暗部，表现出层次感和体积感。

07 增加细节，然后整体调整画面效果，保证颜色干净、细节丰富。

7.7 民族服饰效果图技法分析

民族服饰给人的印象是衣服层次多、饰品丰富、图案带有民族的文化特色、布料材质上有褶与纹样结合等。各民族的具体特征，需要大家花时间多多学习，这有助于在设计中更准确地把握民族服饰文化特征。

01 用铅笔绘制出线稿，注意衣服的层次细节及饰品的形状。

02 直接开始上色。先给皮肤上色，注意皮肤在衣服底下的投影关系。

03 深入刻画头部，重色主要集中在五官上，表现出
人物神情。画头发时需留出饰品的位置，头发由浅到
深进行刻画。给银饰上色时铺一层灰色即可。

04 整体的衣服颜色以红色调为
主。先直接铺衣服的底色，根据
形体画出衣服的体积感，然后顺
便用深一号颜色交代一下花纹，
衣边的纹理可以用纤维笔或者针
管笔表现。

05 在遇到这种民族特色的花纹搭
子时，可以直接用不同颜色的笔
触来表现，不仅上色速度快而且
容易出效果，然后再把周围的其
他颜色填充饱满。

06 在画裙子褶皱时，先铺色，再用深色小笔触画出褶皱，简单概括的同时也为画面带来重色的保障。两边的纱裙，可以虚化处理，与中间的细节形成对比。

07 整体调整画面效果，将局部的细节填充完整，增强画面的对比性。

7.8 中式新娘服饰效果图技法分析

中式新娘礼服大致可以分成3类：龙凤褂、秀禾服和旗袍等。本节主要学习龙凤褂的绘制，龙凤褂造型优美，颜色喜庆，以龙和凤为主的图案象征着吉祥，同时还有祥云、花鸟等其他纹饰搭配，在绘制时需要注意这些因素。其次就是服装的颜色不仅要饱满，还要有鲜艳喜庆的感觉。

01 用铅笔画出人物和服饰的线稿，对于复杂的花纹，可以先不用画出来。

02 在墨水中加点褐色水彩颜料调和，然后根据铅笔线稿进行勾线，注意线条的虚实关系。

03 深入刻画头部，塑造面部五官的体积感，然后画好头发的颜色，交代清楚头饰的关系。

04 用红色绘制出服饰的底色，颜色要均匀。调色时可以多准备一点，多上几遍颜色，保证服饰的颜色饱满。

05 用水粉颜料深入刻画上身的花纹。用小勾线笔画花纹，保证细节的美观度和真实性，遇到类似的大面积花纹的情况，可以使用该方法。

06 采用同样的方法在裙摆上画出其他花纹，然后在前搭片和后拖尾上用水彩颜料画出花纹图案的细节。

07 在前搭片和后拖尾的空白处用蓝色铺上底，注意颜色要深，保证金色花纹突显出来，然后在上面用白色高光颜料进行点缀装饰，使画面更加丰富，服装看着更加精致。

08 在金色的花纹上点缀一些金色的闪粉，以增强画面的效果。然后绘制装饰的椅子，让人物形象看起来更加优雅。

09 整体调整画面，红色的衣服颜色可以再上两遍，让红色更加鲜艳、饱满。